LES RACES OVINES PORCINES ET CAPRINES

PRÉCÉDEMMENT PARU

Les Races Bovines, *album* 19 × 28, *contenant la description des diverses races bovines, avec 55 planches en couleur reproduisant les types les plus remarquables de ces races, d'après des aquarelles d'O. de Penne et de L. Barillot, représentant des animaux primés au concours général agricole. Cartonné toile anglaise,* **15** *fr.*

LES ANIMAUX DE LA FERME

LES RACES OVINES PORCINES ET CAPRINES

37 planches en couleurs hors texte

LIBRAIRIE AGRICOLE DE LA MAISON RUSTIQUE
26, RUE JACOB, PARIS (VIe)

AVIS DES ÉDITEURS

Les planches de cet album représentent toutes des animaux qui ont, dans ces dernières années, reçu les plus hautes récompenses au Concours général agricole. Ce sont, par conséquent, pour chaque race, les types les plus recommandables dans leur expression la plus parfaite, que les peintres animaliers éminents, MM. Olivier de Senne et Léon Barillot ont fidèlement reproduits.

Le texte qui accompagne les planches représentant les « Espèces ovines et porcines », a été rédigé d'après les études de l'un des collaborateurs les plus compétents du Journal d'Agriculture pratique, *M. J.-A. George.*

Les notices ayant trait aux « Races caprines » sont extraites des articles si instructifs et si documentés que M. Crepin a bien voulu adresser au même journal.

LES RACES OVINES

LA RACE MÉRINOS

Voici les caractères crâniens attribués par Sanson à la race Mérinos.

Front un peu incurvé d'un côté à l'autre, avec chevilles osseuses à base large, triangulaire, en spirale plus ou moins serrée à deux tours, à extrémité libre mousse et aplatie en lame, portant sur leur bord supérieur un sillon longitudinal profond. Les cornes sont le plus souvent absentes chez la femelle, et quelquefois aussi maintenant chez le mâle. Arcades orbitaires effacées. Très faible dépression au niveau de la racine du nez. Os sus-nasaux faiblement arqués dans le sens longitudinal, unis en voûte plein-cintre très régulière, aussi larges à leur extrémité libre qu'à leur base. Arcade incisive large. Face allongée, ovale.

La taille est très variable : elle va de 50 centimètres jusqu'à 80 et au delà. La tête est généralement forte. La peau de la face, chez le mâle, présente le plus souvent des plis transversaux. Les lèvres sont épaisses, la bouche grande, le museau large et mousse.

Le squelette est grossier. Les membres sont forts et souvent longs par rapport au volume du corps. Les membres postérieurs présentent une disposition spéciale, qui consiste en ce que l'articulation du jarret est plus large que dans aucune autre race, celle du boulet aussi ; de sorte que les tendons fléchisseurs de la région du canon sont écartés de l'os ; par suite cette région du canon se trouve élargie, et donne à l'animal une attitude *campée*, tout à fait caractéristique.

La toison est des plus remarquables. Elle suffirait à elle seule pour faire distinguer la race immédiatement.

D'abord cette toison est très étendue ; elle couvre toujours le front et les joues ; elle s'étend parfois sur toute la surface de la peau jusqu'au bout du nez, d'une part, et, d'autre part, jusqu'au bout des membres, jusqu'au niveau des ongles.

En outre, cette toison est composée de mèches tassées, dites *carrées,* c'est-à-dire perpendiculaires au plan du corps, et aussi larges à leur extrémité qu'à leur racine. Cela les distingue des *mèches pointues,* larges à leur racine, étroites à leur extrémité, plus ou moins pendantes, c'est-à-dire obliques par rapport au plan du corps. Il en résulte que la toison des Mérinos, très tassée, est dite *fermée,* par opposition aux toisons *ouvertes* des moutons à mèches pointues et pendantes.

Enfin, les brins de la laine portent des ondulations régulières, égales et rapprochées, dites en *zig-zag,* de nuance variable entre le blanc jaunâtre et le jaune citrin. Ces brins sont très onctueux au toucher. Leur finesse est extrême. Il suffira de dire que leur nombre va parfois jusqu'à 80 par millimètre carré. Leur diamètre ne dépasse jamais 3 centièmes de millimètre et descend souvent jusqu'à 1 centième.

La peau normale du Mérinos présente de nombreux plis, surtout dans la région du cou. On leur donne le nom de *cravates,* quelquefois de *fanons.* Suivant les pays et les modes d'élevage, le nombre de ces plis a été augmenté ou diminué; on les a même fait disparaître complètement dans certaines variétés améliorées.

L'aptitude prédominante de la race Mérinos est la production de la laine. Sous le rapport de la quantité aussi bien que de la qualité, pour la finesse, la douceur et la résistance, cette laine est sans rivale. La toison, chez les individus les plus petits n'est pas inférieure à 1 kilogr.; chez les plus amples, elle dépasse 6 kilogr.

La chair des mérinos tardifs élevés uniquement pour la production de la laine, possède ordinairement une saveur forte et désagréable, qu'on appelle le *goût de suint.* Aussi les animaux sont, en général, peu estimés pour leur viande. Il est juste de dire, cependant, qu'au marché aux bestiaux de la Villette, à Paris, les Mérinos constituent à peu près la moitié de l'effectif total des moutons mis en vente et achetés par la boucherie.

Dans l'état primitif, leur squelette est volumineux et leur croissance tardive.

Jusqu'au milieu du siècle dernier, il n'y avait de Mérinos qu'en Espagne et dans quelques parties des États Barbaresques. Aujourd'hui, l'on trouve les Mérinos dans presque toutes les contrées du monde, aussi bien dans le nouveau continent que dans l'ancien. Leur population se chiffre par centaines de millions de têtes. C'est actuellement la race la plus prospère et la plus cosmopolite.

Quel est le berceau de la race? Sanson le place en Afrique d'où le nom de *race africaine* qu'il a donné au Mérinos. Ce que l'on peut du moins admettre, c'est que le Mérinos existait déjà en Espagne comme en Afrique à l'époque de la domination romaine, et les étoffes de l'Andalousie n'étaient pas moins renommées que les laines de la Libye. Mais les soins donnés à la race en Espagne l'y ont fait prospérer, tandis qu'en Afrique elle dégénérait par suite de l'incurie des nomades qui l'exploitaient.

Le nom de *Mérinos* appartient à la langue espagnole et signifie *errant.* Ce nom vient sans doute des migrations que l'on faisait accomplir aux troupeaux pendant l'été, en les conduisant sur les montagnes pour y brouter l'herbe absente alors dans la plaine par suite de la sécheresse. Ces voyages consti-

Librairie Agricole de la Maison Rustique.

Bélier mérinos de la Champagne, | Brebis mérinos de l'Ile-de-France,

tuent ce que l'on appelle en français la *transhumance* (changement de terrain).

Les *bêtes à laine* d'Espagne étaient d'ailleurs renommées à l'étranger; mais, en raison de la difficulté des communications et aussi par suite de la résistance des Espagnols, jaloux de garder pour eux leur race ovine, ces moutons n'étaient guère sortis de la péninsule hispanique.

La première trace d'introduction de ces animaux en France remonte au XVIIe siècle. Sous l'administration de Colbert, quelques béliers espagnols furent introduits en Roussillon, pour y améliorer la laine des troupeaux. Vers le milieu du siècle suivant, d'Etigny, intendant de Béarn, fit de nouvelles introductions de Mérinos. En 1776, Turgot fit venir d'Espagne un troupeau de Mérinos, dont une partie fut confiée à Daubenton, et le reste au marquis de Barbançois, en Berri, et à MM. Dupin et de Trudaine. Seuls, les animaux de Daubenton (qu'il exploita dans son domaine de Montbard, en Bourgogne), ont prospéré et se sont répandus à distance. Ils ont été la souche des Mérinos actuels de la Bourgogne, notamment du Châtillonnais.

Le succès de Daubenton attira fortement l'attention générale, et même celle des pouvoirs publics; et l'on résolut, en haut lieu, de fonder un troupeau de Mérinos dans l'un des domaines royaux.

Louis XVI, ayant acheté en 1784, du duc de Penthièvre, le château, le parc, et le bois de Rambouillet, comme domaine privé, y fit construire une ferme expérimentale dont il confia la direction au comte d'Angivillers, membre de l'Académie des sciences, surintendant des bâtiments royaux, et ami de Daubenton. La ferme fut pourvue d'instruments aratoires, de vaches suisses Fribourgeoises et de chèvres d'Angora. On songea à compléter la population animale par l'adjonction des bêtes à laine d'Espagne. C'était en 1786. Or, à cette époque, on avait interdit la sortie des Mérinos hors de l'Espagne. Louis XVI écrivit de sa main au roi d'Espagne, et chargea de la Vauguyon, ambassadeur près la cour de Madrid, de négocier l'affaire. Le roi d'Espagne accorda l'autorisation d'importer en France 342 brebis et 42 béliers, en tout 384 animaux, choisis dans les plus belles bergeries (ou *cavagnes*) espagnoles. Ce troupeau parti de Ségovie le 15 juin 1786, sous la direction de cinq bergers espagnols, arriva à Rambouillet la même année, le 15 octobre. En route, il y avait eu des naissances et des morts; en somme, il restait 366 animaux.

Telle fut l'origine du célèbre troupeau de Rambouillet, d'où sont sortis d'innombrables reproducteurs pour la France et pour l'étranger. Sa réputation est devenue tellement consacrée, qu'en Espagne tous les Mérinos français portent le nom de *Rambouillets*.

S'il fallait suivre l'extension des Mérinos depuis un siècle et leur importation dans les pays étrangers, il y faudrait consacrer un volume tout entier.

A partir de la fin du XVIIIe siècle, les Mérinos sortent de l'Espagne et se répandent en France, en Allemagne, en Pologne, en Autriche, en Hongrie, en Russie, en Océanie, au Cap de Bonne-Espérance et enfin dans les deux Amériques.

Disons seulement que les Mérinos les plus remarquables et les plus perfectionnés sont assurément ceux de France et la meilleure preuve en est dans l'historique de cette race : c'est en

France que l'on est toujours venu chercher les meilleurs reproducteurs.

Les variétés françaises sont nombreuses; il y a celles du Roussillon et de la Provence, qui sont de taille assez petite, et médiocres dans toute leur personne; il y a celles du nord de la France, qui sont les plus amples et les plus améliorées. On y distingue la variété de la Beauce (qui a pour type le Mérinos de Rambouillet); celles de la Brie, de la Champagne, de la Bourgogne et du Soissonnais. Les dernières sont les meilleures.

Dans toutes ces variétés, il existe des troupeaux dont les sujets se distinguent non seulement par leur bonne conformation (analogue à celle des variétés anglaises perfectionnées), mais encore par la précocité plus ou moins grande de leur développement. Comme les moutons anglais (Dishleys, Southdowns), ces Mérinos améliorés ont leurs premières incisives permanentes à la fin de la première année de leur vie. C'est là ce que l'on appelle les *Mérinos précoces* dont on trouve des types remarquables dans le Soissonnais et dans la Champagne.

Ce qui caractérise cette variété de Mérinos précoces, dit Sanson, c'est d'abord la réduction de la longueur et du volume des membres, du volume de la tête et de la longueur du cou, la disparition des plis de la peau, et l'amplification du volume du corps, avec des formes plus correctes, puis l'évolution plus prompte du système dentaire. Les joues sont exemptes de laine, qui, chez le Mérinos de Rambouillet, couvre toute la tête, jusqu'au nez.

Les Mérinos précoces dans le même temps et avec la même alimentation, produisent autant de viande que les Dishleys ou les Southdowns, mais cette viande est de qualité bien supérieure à celle du Dishley et au moins égale à celle du Southdown. Chez le Mérinos commun et tardif, la viande a une saveur forte, excessive, qui est désagréable. Chez le Mérinos précoce, cette saveur a été atténuée, affadie en quelque sorte, et ramenée à un point où elle perd ses défauts pour ne garder que ses qualités.

La viande du Mérinos précoce devient ainsi l'une des plus remarquables et ne craint aucune comparaison.

Cette amélioration du Mérinos en vue de la précocité remonte au milieu du XIXe siècle. Elle a été réalisée par des éleveurs français, vers 1840, à une époque où l'on cherchait à améliorer le Mérinos *par l'infusion du sang anglais*. En effet, dès 1840, tandis que l'administration demandait l'amélioration des Mérinos au croisement avec le Dishley, les éleveurs de la Bourgogne, refusant énergiquement ce croisement, demandaient cette amélioration aux seules méthodes zootechniques. A la suite du concours du comice d'Ancy-le-Franc, dans l'arrondissement de Tonnerre, où se trouvaient réunis, en 1862, trente lots de béliers, brebis et agneaux du Tonnerois, un bon juge, M. Mathieu, vétérinaire distingué, ayant longtemps habité le pays, pouvait écrire les lignes suivantes, d'une exactitude rigoureuse :

Depuis vingt ans, le Mérinos bourguignon a été complètement transformé. Sa taille est moyenne; la tête, le cou et les membres ont considérablement diminué de grosseur. Le développement physique est hâtif; et, dans certains troupeaux, l'aptitude à l'engraissement se remarque chez de très jeunes

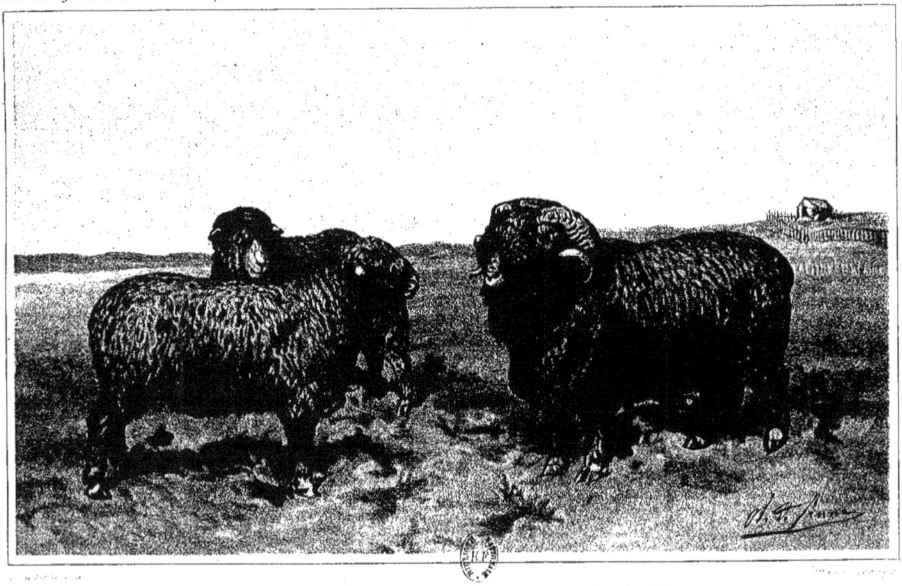

Bélier et brebis mérinos de la Bergerie nationale de Rambouillet.

sujets. Tout en subissant ces transformations, ce Mérinos a conservé une toison à mèche assez longue, fine et tassée. Encore quelques années de progrès, et cet idéal que tout éleveur doit entrevoir, *un Southdown quant à la forme, un Mérinos quant à la toison,* sera près d'être réalisé. Le problème laine et viande sur le même animal peut se résoudre en opérant sur le Mérinos seul; l'immixtion du sang anglais doit nécessairement rendre ce problème insoluble. »

La persévérance des éleveurs français a été récompensée. En même temps que la conformation était améliorée, ainsi que la viande, dans le Mérinos précoce, la toison s'améliorait également. Elle gardait la finesse de son brin (qui descend souvent à 1 centième de millimètre), et elle gagnait en poids, par suite de l'augmentation de la surface du corps et de la plus grande longueur des brins.

Si cette amélioration avait été réalisée par des éleveurs anglais, on n'aurait pas pour eux assez d'éloges. Il n'est que juste de mettre en lumière le mérite de l'élevage français, pour qui la création du Mérinos précoce constitue un titre réellement glorieux.

RACE DISHLEY-MÉRINOS

Au milieu du XIXe siècle, lorsqu'on se préparait en France à inaugurer les concours d'animaux gras, et que l'on cherchait les meilleurs moyens d'améliorer le bétail, on songea tout d'abord à créer des races nouvelles en ayant recours aux animaux anglais. Ils passaient, à juste titre, pour avoir atteint la perfection. Le procédé le plus simple, semblait-il, était d'*infuser leur sang* (suivant l'expression consacrée) à nos races françaises.

Et alors on adopta les croisements à outrance. Lorsqu'on parcourt les catalogues des concours de cette époque on n'y rencontre guère que des croisements. Le sang du Durham, le sang du Dishley s'étalent à chaque page. Qu'en reste-t-il aujourd'hui ? D'imperceptibles traces. La meilleure preuve en est dans la multiplication des livres généalogiques, qui sont la répudiation même du croisement.

Cependant, quelques-unes de ces populations métisses ont survécu; et, parmi celles-là, l'on doit citer au premier rang celle des Dishley-Mérinos.

C'était bien de la bonté de la part du Dishley de se prêter à cette alliance. Car enfin, que pouvait-il emprunter au Mérinos de cette époque ? Sa conformation défectueuse comme animal de boucherie ? Le volume de son squelette ? La médiocrité de sa viande ? Sa résistance à l'engraissement ? Son défaut de précocité ? C'était, semblait-il, un marché de dupe. Une seule chose restait à lui prendre : la finesse de sa laine. Le seul but vraiment pratique consistait donc à garder la conformation du Dishley, son squelette réduit, la qualité (prétendue) de sa viande, sa facilité d'engraissement, enfin sa précocité. Mais on visait un but plus élevé : on voulait créer une race nouvelle.

L'entreprise fut commencée en 1840 par Yvart, alors inspecteur général des bergeries de l'État. Les croisements furent opérés dans le troupeau de Mérinos que l'État entretenait alors à la ferme de Charentonneau, voisine de l'École vétérinaire d'Alfort; et l'on mit en vente, à cette École, des béliers Dishley-Mérinos désignés sous la qualification de *race d'Alfort*. C'est ce troupeau qui, après avoir été transféré dans le département du Pas-de-Calais, d'abord à la bergerie de Montcavrel, puis à la ferme de Haut-Tingry, fut versé en 1879 à l'École de Grignon, où il persiste encore, et, où il

Librairie Agricole de la Maison Rustique.

Brebis mérinos. *Belier dishley mérinos*

fournit des béliers que l'on met en vente chaque année, et qui, aux enchères publiques, atteignent toujours (il faut le reconnaître) des prix élevés.

A la suite d'Yvart, plusieurs particuliers entreprirent la réalisation du type intermédiaire, par la *fusion* et non la *juxtaposition* des deux éléments composants du Dishley-Mérinos. Parmi les plus convaincus et les plus persévérants, il faut citer M. Pluchet, de Trappes (Seine-et-Oise), dont le troupeau, en pleine prospérité il y a cinquante ans, cherchait à se créer une personnalité sous le nom de *race de Trappes*. Ce troupeau fut justement réputé pour les qualités individuelles des bêtes qui le composaient. Au milieu d'une culture des plus intensives, M. Pluchet disposait de fourrages en abondance, de pulpes de distillerie, de tout ce qui peut favoriser le développement de l'aptitude à produire de la viande. En faisant alterner le croisement et le métissage, M. Pluchet était enfin parvenu à constituer un troupeau suffisamment homogène, sous le rapport de la taille et des formes du corps, de la précocité, de tout ce qui dépend des conditions du milieu. Mais, en considérant la tête de ces animaux, on constatait aisément que les uns avaient fait retour au Dishley, les autres au Mérinos, et que la race, sous le rapport de ce caractère si important, manquait absolument d'homogénéité.

Bélier Dishley-Mérinos

C'est que ce n'est pas une besogne facile que la création de ce type intermédiaire, et qui doit être (qu'on ne l'oublie pas !) absolument *uniforme*. L'inspecteur général Lefour, dans son livre *Le Mouton*, fournit à ce sujet quelques indications plus faciles à donner qu'à suivre :

« Le Dishley-Mérinos reproduit les caractères des types dont il dérive, se rapprochant évidemment davantage de celui dont le sang domine dans le produit. Suivant qu'on s'attache à la finesse de la laine ou aux formes, le croisement doit se modifier. Le demi-sang laisse à désirer pour la toison. Comme homogénéité et finesse, on préfère généralement un quart de sang Dishley, lorsqu'on veut réunir des formes étoffées à une finesse intermédiaire de la laine. Avec un huitième et même un seizième de sang seulement, si on opère sur des Mérinos de bonne conformation, on obtient déjà de l'ampleur de poitrine, de la largeur de reins et une toison qui, en valeur, se rapproche beaucoup de celle du Mérinos... M. Pluchet se contente d'une quantité assez faible de sang anglais. »

Il y a lieu de retenir également le nom d'un autre éleveur de Dishley-Mérinos, M. Pilat, de Brébières, dont le troupeau très remarquable avait illustré le nom de *race de Brébières*. A force d'éliminer les types aberrants, M. Pilat en était arrivé finalement, pour atteindre l'uniformité, à se créer purement et simplement un troupeau de Dishleys. Il confessait volontiers, dans les dernières années de sa vie, qu'il avait perdu vingt ans de peine et de soins assidus pour aboutir à un but qu'il aurait pu atteindre tout de suite autrement.

On peut admettre que les Dishley-Mérinos, tels qu'ils sont produits aujourd'hui, sont de purs Dishleys dont la laine a gardé la trace du croisement Mérinos, tout comme cela est arrivé, dans la race des Pyrénées, aux variétés Lauraguaise et du Larzac, et, dans la race Berrichonne, à la variété de Champagne. Ces diverses variétés n'en sont pas moins considérées comme pures. Le Mérinos, dans un moment d'abandon passager, leur a laissé son manteau, qui s'est transmis de génération en génération chez les descendants, mais sans modifier leur type de race. Il en est de même chez le Dishley-Mérinos ; mais sa toison, quoique améliorée par le croisement, n'a pas conservé la finesse de celle du Mérinos, et ses brins de laine, mesurés soigneusement au microscope, ont toujours un diamètre de beaucoup supérieur à celui des Mérinos les plus grossiers.

La création du Dishley-Mérinos avait pour but, disait-on jadis, d'améliorer la qualité de la viande des mérinos. « Car, ajoutait-on sentencieusement, le Mérinos n'est pas un animal de boucherie. » Ceux qui émettaient cette doctrine dédaigneuse, n'avaient jamais sans doute mis le pied dans un marché aux bestiaux. Sur les quinze à seize mille moutons qui sont en vente deux fois par semaine au marché de la Villette, à Paris, il y en a toujours une moitié qui sont de simples Mérinos, et qui sont achetés par la boucherie. A côté de cela, combien compte-t-on de Dishleys ? La viande de ces derniers, dont un grand nombre ont été engraissés avec des pulpes de betteraves, n'est pas de première qualité. En tout cas, elle n'est pas comparable à celle des Mérinos améliorés. Sous un seul rapport, peut-être, le Dishley-Mérinos pourrait être supérieur au Mérinos.

On sait en effet que le tempérament du Dishley est robuste, et qu'il supporte aisément l'humidité du sol et du climat. Il est vrai qu'en revanche il souffre de la chaleur. Le Mérinos, au contraire, supporte mal l'humidité de l'atmosphère. Si le Dishley-Mérinos a tout hérité du Dishley, sauf la toison, son tempérament pourrait présenter aux vicissitudes atmosphériques une résistance supérieure à celle du Mérinos.

Librairie Agricole de la Maison Rustique.

Bélier et brebis dishley-mérinos.

Comme on a trouvé depuis longtemps le moyen d'améliorer le Mérinos par les seules méthodes zootechniques, on peut dire qu'il n'a rien gagné à ce croisement, et que le bénéfice a été pour le Dishley ; car il n'aurait pu modifier sa toison sans le Mérinos, tandis que le Mérinos a pu améliorer sa conformation et sa viande sans le Dishley. Le Dishley-Mérinos doit être considéré comme un Dishley perfectionné, mais non comme un Mérinos amélioré.

Le Mérinos s'en est consolé en envahissant le monde entier, presque d'un pôle à l'autre.

Tel qu'il se présente aujourd'hui, le Dishley-Mérinos ou Dishley français est un fort bel animal, exploité par des éleveurs de premier ordre et dont l'élevage prend une place de plus en plus grande dans les fermes à culture intensive de Seine-et-Oise, de Seine-et-Marne, de l'Oise et de plusieurs autres départements de la région du Nord.

RACE DE LA CHARMOISE

Vers 1840, un fermier de Loir-et-Cher, Malingié, eut l'idée de créer une nouvelle race de moutons; il introduisit dans sa ferme de la Charmoise un petit troupeau de la race de New-Kent (améliorée par sir Richard Goord, de Coleshil), et il en croisa les béliers avec des brebis provenant elles-mêmes d'autres croisements ou de mélanges divers. En alliant plusieurs races ensemble, par des croisements successifs, « il résulte de ce mélange, dit Malingié, des extraits participant des quatre races Solognote, Berrichonne, Tourangelle et Mérine, n'ayant aucun caractère prononcé ». Les brebis formées de ce sang mélangé étaient accouplées avec un bélier New-Kent parfaitement pur (un bélier *Goord,* dit Malingié). Ces divers sangs français, perdus individuellement dans la masse de sang anglais, « disparaissent presque entièrement, pour ne laisser plus paraître que le type améliorateur ». L'auteur ajoute : « L'influence de ce type est tellement prononcée et prédominante que tous les extraits obtenus se ressemblent d'une manière frappante au point que les Anglais eux-mêmes les prennent pour des animaux appartenant à une race pure de leur pays. »

Les sujets de la race que Malingié a appelée *race de la Charmoise* ne seraient donc « que de purs New-Kent, impatronisés en France par un moyen excessivement détourné, compliqué et coûteux, dont il a du reste payé les frais d'une manière douloureuse pour sa famille ». (Sanson.)

L'œuvre de Malingié, continuée durant un certain temps après sa mort par sa famille, puis abandonnée, fut reprise par d'habiles éleveurs qui surent procurer à la race de la Charmoise le succès qui avait toujours fui, comme un mirage, devant son créateur.

La race de la Charmoise, qui est en somme le produit d'un croisement de brebis Berrichonne, par des béliers New-Kent, fournit des animaux qui remportent chaque année de grands succès dans les concours agricoles. Voici l'appréciation donnée à son sujet par M. Guyot de Villeneuve, qui fut, au moment de l'Exposition universelle de 1889, un des principaux lauréats du concours de Paris :

« La race de la Charmoise est petite; mais sa conformation est parfaite. La charpente osseuse, la tête et les pattes sont réduites à leur minimum; aussi le rendement en viande

Librairie Agricole de la Maison Rustique

Bélier et brebis de la Charmoise.

est proportionnellement plus élevé que dans aucune autre race, même dans les races anglaises similaires, Southdown et Dishley.

« Cette race est rustique et sobre, ne craint ni la chaleur, ni la poussière, s'accommode des plus maigres parcours et se tient facilement en état. Elle est très précoce à l'engraissement. »

A quatre mois et demi, les agneaux gras pèsent en moyenne 25 kilos.

Les animaux fournissent 2 à 3 kilogr. d'une laine légère et très élastique qui est appréciée par le commerce.

M. Guyot de Villeneuve, avec son expérience de cet élevage, ajoute les considérations suivantes :

« La race de la Charmoise commence à se répandre; nos reproducteurs sont très recherchés. Elle a eu à lutter contre l'engouement des cultivateurs pour les grandes races, et n'a été vraiment appréciée à sa valeur que par la boucherie qui la trouve beaucoup mieux appropriée aux goûts et aux habitudes des consommateurs français.

« Aussi doit-elle devenir la race par excellence des pays de parcours maigres, où nous ne parvenons pas à acclimater les races anglaises, plus exigeantes et plus sensibles à la chaleur et à la poussière.

« Les rations qu'on donne par tête aux brebis mères pendant l'agnelage se composent de 1 kil. 500 de foin, 500 grammes de paille et 2 kilogr. de racines, betteraves et carottes, pendant quatre mois et demi jusqu'à l'époque du sevrage des agneaux.

« Les agnelles de un an reçoivent depuis le 1er novembre jusqu'au mois de mai, par jour et par tête, 800 grammes de foin, 400 grammes de paille et 1 kilogr. de racines. Le reste de l'année, elles trouvent leur vie sur les pelouses. Tout le troupeau, brebis et agnelles, va tous les jours au pacage, sauf par la pluie et la neige.

« Les béliers, bien entendu, ne sortent jamais. On leur donne, de novembre à mai, par tête et par jour 1 kil. 500 de foin, 1 litre d'orge et d'avoine mélangées, 3 kilogr. de betteraves et 200 grammes de farine d'orge. Pendant la belle saison, les fourrages verts remplacent les racines. »

Les moutons de la Charmoise sont très appréciés pour la boucherie à cause de leur bon rendement et de la délicatesse de leur viande. Aussi le nombre des exploitations où cette race est entretenue a-t-il beaucoup augmenté dans ces derniers temps. Il faut citer parmi les bergeries qui remportent maintenant le plus de succès dans les concours, celles de MM. le vicomte de Montsaulnin, Émile Chomet, Michel Ephrussi, Maurice Autellet, Henry Penin, Emmanuel Quillet, Mme Sommier, etc.

La bergerie de M. Autellet, située au Léché, par Montmorillon, mérite une mention spéciale à cause de ses dispositions originales. Elle a la forme d'un vaste champignon en chaume placé au milieu d'une prairie entourée de grillage métallique. M. E. Chomet en a donné la description suivante :

« Le champignon n'est pas fermé et descend jusqu'à environ un mètre du sol. A l'intérieur, des séparations en planches disposées en croix forment ainsi quatre grands compartiments où les animaux peuvent entrer indifféremment et comme il leur plaît. Ces séparations ont pour but de couper le vent et de servir de supports aux collières. Les brebis savent très bien d'elles-mêmes se mettre de tel ou tel côté, suivant l'état de la température. Ce champignon n'étant pas fermé, même l'hiver, les animaux s'abritent dessous ou restent dans la prairie, suivant leur caprice, et cette vie au grand air leur donne une rusticité étonnante. C'est là, jour et nuit, que séjourne le troupeau lorsqu'il n'est pas au pâturage. Les gaz ammoniacaux, qui se dégagent de la litière de paille placée sous le champignon, ayant toujours tendance à monter, on a ménagé en haut une sorte de lanterne par laquelle s'échappent les miasmes. »

M. Émile Chomet donne ensuite des détails intéressants sur le mode d'élevage adopté à l'exploitation du Léché :

« Ce n'est qu'à six mois et demi que les agneaux commencent à être mis dans cet enclos. L'agnelage a lieu en effet dans les bergeries ordinaires, vastes, bien aérées, mais abritées. La lutte se fait à la main ; il y a deux agnelages par an : novembre et mai. Chaque produit est marqué d'un numéro d'ordre de naissance à la peinture rouge pour les mâles, bleue pour les femelles. Le même numéro, de la même couleur, est appliqué sur le dos de la mère, ce qui permet de se rendre compte immédiatement du développement du produit et de l'état de sa mère, le n° 1 étant le premier né, le n° 2 étant le second et ainsi de suite.

« Au sevrage, chaque produit est muni d'un bouton d'oreille Deriaz. Ce matricule permet de fixer, sur un registre spécial, la généalogie et d'inscrire toutes les particularités intéressant aussi bien la mère que son produit.

« La bergerie d'agnelage est séparée en un grand nombre de compartiments, les agneaux de chaque semaine étant mis avec leurs mères dans un même compartiment. La surveillance est ainsi beaucoup facilitée et les plus gros ne peuvent pas téter les mères au détriment des plus faibles, ce qui arrive souvent lorsqu'on laisse un trop grand nombre de jeunes ensemble. Les râteliers pour la nourriture à la bergerie sont remplacés par des fourrières.

« A leur naissance, pendant quinze jours, les agneaux se contentent du lait de leur mère. Au bout de ce laps de temps, on commence à leur distribuer, pendant une quinzaine, de petites rations de son et enfin, alors qu'ils ont dépassé l'âge d'un mois, une nourriture composée de betteraves coupées, d'orge cuite à la vapeur et de seconde coupe de luzerne. A six mois, les agnelles partent au pâturage avec le troupeau.

« Entre le régime de la bergerie d'agnelage et celui du champignon, s'en place un mixte, plus de grand air que le premier, moins de plein air que le second. Dans de grands enclos gazonnés et entourés de grillages sont des appentis ; c'est là que se fait ce régime intermédiaire. Le système d'appentis est peu coûteux, très simple et très pratique. Le toit de chaume part d'un mur fait à chaux et à sable, élevé d'environ 3^{m},50 et descend en pente douce jusqu'à 1 mètre du sol, soutenu en avant par de simples piliers de 4 en 4 mètres. L'appentis a 3 mètres de large. Le long du mur règne un couloir pour distribuer la nourriture sans être gêné par les animaux. La partie d'avant reste généralement ouverte ; cependant, un système de volets qui s'abaissent pour fermer en cas de besoin, permet de clore cette bergerie rustique. Le régime est donc

Librairie Agricole de la Maison Rustique.

H. de Penne, ...

Moutons de la Charmoise.

à peu près le même que sous le champignon, à cette exception que le mur préserve les animaux d'un côté, et que les volets peuvent fermer et faire ainsi une bergerie ordinaire.

« Les mâles ne vont pas aux champs, mais n'en sont pas moins soumis au régime du grand air et de l'exercice. Ils sont logés chacun dans une case couverte en carton bitumé de 2 mètres sur 4, avec une porte toujours ouverte et donnant sur un paddock de 15 mètres de long sur 2 de large. Ce couloir à air libre est coupé dans sa longueur par quatre barres élevées de $0^m,25$ du sol. La boisson donnée dans des récipients en fer, qui fournissent de l'eau ferrée, et la nourriture sont distribuées à un bout de ce paddock, de sorte que l'animal, lorsqu'il veut boire ou manger, est obligé de franchir les obstacles pour venir à l'endroit propice et de les franchir de nouveau pour rentrer dans sa case. Été comme hiver, cette case est ouverte, et le bélier se tient ou à l'abri ou dehors, selon son bon plaisir.

« Un tel régime donne des animaux résistants. Il est en opposition avec ce qui se passe dans beaucoup de bergeries où les mâles, notamment, sont enfermés toute leur vie dans de petites cases d'où ils ne sortent guère que pour l'abattoir. »

Les éleveurs de la race de la Charmoise ont depuis longtemps constitué un syndicat dont une commission a arrêté comme il suit les caractères de cette race :

Tête : petite, blanche ou rosée, parfois pigmentée de noir ou de roux.

Front : large et plan.

Yeux : à fleur de tête.

Oreilles : courtes, droites, mobiles, minces, transparentes.

Chanfrein : droit, quelquefois légèrement busqué chez les mâles.

Cou : court, assez gros.

Poitrine : large et profonde.

Côtes : rondes.

Dos et ligne de dessus : horizontale et le plus long possible.

Croupe : large, sans amas adipeux à la naissance de la queue.

Gigot : arrondi, bien descendu.

Membres : fins, écartés, droits, d'aplomb, dépourvus de laine dans leur partie inférieure, portant quelquefois des traces de pigmentation rousse.

Toison : blanche, fine et tassée, laissant la tête, le ventre, le bas des jambes et les testicules complètement dénudés.

Taille des adultes : béliers, $0^m,65$; brebis, $0^m,62$.

Poids moyen des adultes : béliers, 85 kilogr. ; brebis, 65 kilogr.

Cette description sera utile aux éleveurs qui recherchent les animaux de cette race comme type améliorateur.

RACES BERRICHONNES

La race ovine Berrichonne a reçu son nom, comme la plupart des autres races françaises, du nom d'une ancienne province aujourd'hui disparue. Il n'y a plus de Normandie, ni de Bretagne, ni de Limousin, ni de Poitou, ni de Berry, mais il reste des races Normandes, Bretonnes, Limousines, Poitevines, Berrichonnes, etc. Malgré les efforts tentés pour la suppression des dénominations géographiques dans la désignation des races, l'usage a prévalu en leur faveur.

Le Berry (ou Berri), qui a donné son nom à la race ovine Berrichonne, est une des anciennes provinces de la France, dont il occupait à peu près le centre, avec Bourges pour chef-lieu. Il avait pour limites, au nord l'Orléanais, au sud, la Marche, à l'ouest, la Touraine, à l'est, le Bourbonnais et le Nivernais. Les chefs-lieux qui l'entourent sont Orléans, Guéret, Tours, Moulins, Nevers. Cette province se divisait en Haut-Berry et Bas-Berry. Le Haut-Berry comprenait Bourges, Dun-le-Roi, Châteauneuf, Vierzon, Sancerre. Dans le Bas-Berry se trouvaient Issoudun, Charost, La Châtre, Châteauroux, Argenton, Aigurande, Valençay, Saint-Aignan. Le pays a toujours été assez fertile, et son agriculture s'est notamment distinguée par ses vins, ses céréales, son lin, son chanvre, et enfin, ses moutons, surtout, dont la réputation se perd dans la nuit des temps, et dont la prospérité actuelle, importante encore, n'est presque plus rien auprès de ce qu'elle était autrefois.

De ce mouton fameux, retraçons le portrait détaillé, pour compléter les documents de la peinture et aussi pour suppléer à ce que le pinceau est impuissant à reproduire.

Si l'on mesurait l'intelligence aux dimensions du front, notre animal n'occuperait pas la première place. Chez lui, le front est étroit, incurvé en tous sens et sans chevilles osseuses, avec des arcades orbitaires effacées, corrélation naturelle du front bombé. Il existe une faible dépression à la racine du nez. Les os qui forment la voûte nasale sont faiblement curvilignes, unis en ogive sur la ligne médiane, avec une forte dépression latérale au niveau de leur connexion avec le lacrymal et le grand sus-maxillaire. Le petit sus-maxillaire a ses branches peu arquées, ce qui donne une arcade incisive petite. Le tout se synthétise par une face étroite, tranchante, très allongée, triangulaire, à base étroite.

Librairie Agricole de la Maison Rustique

Belier et brebis de race berrichone.

La taille est variable; elle va de 40 à 70 centimètres. Le squelette est généralement fin. Les oreilles sont courtes et obliques, le cou est long et mince; la poitrine manque d'ampleur, mais les côtes sont bien arquées. Les épaules et les cuisses sont bien musclées; les membres sont courts.

La toison n'occupe que le tronc. Elle ne couvre point la tête et s'arrête à la nuque; elle est absente sous le ventre et aux membres. Elle a des brins frisés, courts, plus ou moins tassés suivant les variétés, en mèches le plus souvent égales. La tête est ordinairement blanche, ainsi que les membres. Parfois, la coloration de ces parties est constituée par de petites taches brunes ou rousses, sur un fond blanc, ou même par une teinte entièrement rousse. La laine peut offrir les mêmes variations, surtout à mesure que l'on s'éloigne du berceau de la race.

Mais un caractère qui ne manque jamais et qui a valu à la race berrichonne et à ses diverses variétés sa réputation séculaire, c'est la finesse de sa chair, d'une saveur exquise, très tendre, et s'engraissant avec facilité.

La race berrichonne occupe aujourd'hui, d'une manière continue, les grandes plaines du Berry et de la Sologne, comprenant les départements de l'Indre, du Cher, une partie de celui d'Indre-et-Loire, la totalité de celui de Loir-et-Cher et une partie de celui du Loiret; puis elle s'étend jusqu'à l'Allier, à la Nièvre et à la Saône-et-Loire.

Mais on trouve encore cette race, du côté de l'est, dans le Jura français et dans le Jura suisse; vers le nord-est, dans les Ardennes françaises et belges; vers le nord-ouest, dans l'ancien Perche, sur quelques points de la Normandie et dans les landes de Bretagne; enfin, jusque de l'autre côté de la Manche, dans les montagnes du pays de Galles.

Jusqu'à la fin du siècle dernier, la race Berrichonne était peut-être la plus nombreuse et la plus importante de l'Europe, quoique désignée, suivant chaque province, sous un nom différent; et l'on avait ainsi les races Comtoise, Suisse, Ardennaise, Percheronne, Bretonne, etc. En Angleterre, celle du Pays de Galles est appelée *Welsh Mountain*. Ces moutons anglais ont d'ailleurs gardé la finesse de chair de la race Berrichonne; car c'est un fait bien connu et raconté pour la première fois il y a longtemps, que les lords anglais faisaient le voyage du Pays de Galles tout exprès pour manger un bon gigot de mouton, bien savoureux.

Actuellement, les moutons Berrichons proprement dits forment quatre variétés principales, auxquelles on donne, suivant l'usage consacré, le nom de *races* : ce sont les races de *Crevant*, de *Champagne*, de *Boischaud* et de *Brenne*.

Au concours agricole de Paris, elles sont réparties en deux catégories : 1° race Berrichonne du Cher; 2° race Berrichonne de l'Indre.

La *race de Crevant* se trouve aux environs de la Châtre et notamment de la petite bourgade à laquelle elle doit son nom et qui serait, d'après Sanson, le berceau de la race Berrichonne. Elle se distingue par une taille relativement élevée (65 à 70 centimètres), par un corps ample et correctement conformé, avec des membres courts. La tête et les membres sont toujours dépourvus de taches rousses ou noires. La toison, étendue et tassée, est constamment blanche; elle ne pèse guère moins de 3 kilos. Le poids vif des moutons va souvent jusqu'à 50 kilogr. Dans cette race, on compte beaucoup de troupeaux entretenus en vue de la production des béliers, qui sont demandés pour l'amélioration des autres troupeaux du Berry.

La *race de Champagne* habite les plaines calcaires de Châteauroux, d'Issoudun, de Bourges, et s'étend vers l'Auxerrois. Les meilleurs sujets se vendent aux foires de Levroux et de Brion. Leur taille va de $0^m,50$ à $0^m,60$. Ils ont la tête fine, le front couvert de laine, la face et les membres constamment dépourvus de taches. Ils ont une bonne conformation, le col court, les épaules bien musclées, les reins et la croupe larges. La toison est en mèches courtes, ondulées, portant souvent la trace d'un ancien croisement avec le Mérinos, ce que l'on reconnaît à la plus grande finesse du brin (d'un diamètre de 20 à 25 millièmes de millimètre) et à la régularité de ses ondulations rapprochées. Aussi cette toison est la plus estimée parmi celles des Berrichons. Il est vrai qu'elle ne pèse guère que 2 kilogr. L'animal qui la porte ne pèse lui-même guère plus de 30 kilogr. en moyenne.

La *race de Boischaud*, dont les centres de production sont aux environs de Dun-le-Roy et de Châteauneuf, dans le Cher (entre Bourges et St-Amand), s'étend jusque dans la Nièvre et dans Saône-et-Loire. Elle peut être considérée comme une amplification de la race de Champagne, car les moutons atteignent jusqu'au poids de 40 à 50 kilogr. Mais leur toison est moins fine que celle des Berrichons de Champagne.

Enfin, la *race de la Brenne*, de beaucoup inférieure aux trois autres sous tous les rapports, habite les environs de Mézières et Valençay. Elle est petite, généralement mal conformée, à toison rare et sèche. La face et les membres sont marqués le plus souvent de taches rousses. Cette race forme le passage entre les Berrichons proprement dits et les Solognots, dont la face et les membres sont entièrement roux. D'ailleurs, ils habitent, eux aussi, une région marécageuse, et leur tempérament, moins robuste que celui des races précédentes, les rapproche encore de leurs frères de Sologne.

Nous laissons de côté les sujets de toutes les autres variétés de la race du bassin de la Loire : Solognots, Comtois, Suisses, Ardennais, Percherons, Bretons, Anglais des montagnes du Pays de Galles ; ils ne diffèrent guère des Berrichons que par certains caractères zootechniques généraux secondaires (taille, poids, couleur, conformation).

Les Berrichons sont recherchés dans les pays à betteraves pour en utiliser les résidus. On en rencontre un grand nombre dans la région des distilleries et des sucreries de Seine-et-Oise, de Seine-et-Marne, de l'Oise, de l'Aisne, de la Somme et même du Pas-de-Calais. Leur poids vif moyen, après engraissement, est de 35 à 40 kil. Ils rendent alors 50 à 55 pour 100 d'une viande de saveur très délicate, et leurs gigots sont recherchés à Paris en raison de leur petit volume, de la masse de leur viande comparée à la finesse de leurs os, et de leur qualité supérieure.

Divers croisements ont été tentés pour améliorer la race Berrichonne. M. Léon Charpentier, secrétaire général de l'Association des éleveurs, agriculteurs et viticulteurs de l'Indre, a donné sur ces croisements et sur l'élevage de la race ovine Berrichonne de l'Indre, des renseignements intéressants que nous croyons utile de reproduire.

Brebis berrichonnes, variété du Crevant

« L'introduction des Mérinos fut faite en 1776 par le marquis de Barbançois, propriétaire dans l'Indre, en vue de donner plus de poids au type Berrichon, et aussi plus de toison. L'essai en fut plutôt malheureux, et le Mérinos disparut assez rapidement, tout en laissant longtemps des traces de son passage. Il n'en pouvait être autrement, en face des raisons majeures d'existence, dans un pays pauvre, où le petit Berrichon avait une vie simple; il mangeait ce qu'il trouvait, et souvent c'était peu; l'hiver, une maigre provision l'entretenait. Le Mérinos, au contraire, avait des exigences incompatibles avec les ressources de la contrée.

« D'après un mémoire de l'époque il ressort qu'une brebis Berrichonne ne rapportait annuellement que 4 fr. 12, mais coûtait peu, alors qu'une métisse Mérinos-Berrichon produisait 10 fr. 75, mais avec des frais tels que le bénéfice apparent devenait une perte considérable.

« L'échec des métis Mérinos-Berrichon laissa un répit à la race Berrichonne, qui s'épura péniblement jusqu'en 1840, date de l'introduction en France des béliers anglais.

« Le Berry ne put résister à l'engouement, et se lança dans ces nouveaux croisements qui, au début, donnant des produits demi-sang, réussirent admirablement. On fit des Southdown-Berrichons, des Dishley-Berrichons, des New-Kent-Berrichons, etc... et tout réussissait. On en attribua toute la valeur aux béliers améliorateurs.

« Des rapports de l'époque exaltaient le mérite des reproducteurs anglais, disqualifiant complètement la race Berrichonne; ils négligeaient inconsciemment, et bien à tort, le rôle énorme, aujourd'hui reconnu et si généralement utilisé, de la femelle Berrichonne dans cet élevage avantageux. Mais bientôt la décadence survint, du fait même de la transformation rapide de la brebis Berrichonne en métis quelconque; le troupeau de l'Indre alla à la dérive sous tant d'impulsions si diverses et peu raisonnées.

« Dans le Cher, jadis peuplé également de moutons de race Berrichonne, on fit aussi, à cette même époque, du croisement continu, mais avec une orientation plus uniforme, par l'adoption d'un type presque unique le Dishley-Mérinos, alors en pleine vogue.

« Les produits nouveaux du Cher ne tardèrent pas à envahir l'Indre, sous l'impulsion de quelques éleveurs intelligents du Cher qui s'étaient spécialisés dans la vente des reproducteurs mâles. Leur introduction fut d'ailleurs facilitée par les ventes annuelles des béliers faites par la Société d'agriculture de l'Indre, et où ils furent admis. Ils ne tardèrent pas à accentuer la décadence de nos troupeaux Berrichons, en si mauvaise posture déjà.

« Ces métissages incohérents, en éloignant de plus en plus la brebis Berrichonne de son type primitif, insensibilisèrent sa nature ardente et supprimèrent ses meilleures aptitudes.

« De 1860 à 1885, l'élevage ovin fut vraiment malheureux, ballotté sans aucune orientation sérieuse, et sans aucun autre espoir d'avenir que le retour si possible à la race Berrichonne. Mais là encore, l'effort paraissait tel, l'appréhension était si grande quant aux résultats à obtenir, que chacun s'en tenait au *statu quo* si déplorable.

« L'essai en fut néanmoins tenté, et les premières opérations de sélection entreprises en 1887 dans la formation d'un troupeau à Villechaise, transporté dans la suite à Treuillault. Elles aboutirent à des résultats encourageants. Depuis, et par l'union des principaux éleveurs du département, le troupeau Berrichon de l'Indre s'est reconstitué entièrement, et la prospérité est revenue dans les bergeries.

« La constitution, au début, d'un livre généalogique; des concours des bergeries du département; la fondation de l'Association des éleveurs en 1889; les ventes annuelles de béliers Berrichons faites aux enchères et à perte à tous les éleveurs du département, contribuèrent puissamment au succès. La participation des meilleurs éleveurs aux concours généraux et nationaux entretint leur émulation et fit connaître et apprécier leurs Berrichons sélectionnés. Un concours spécial réunit annuellement une exposition remarquable de produits dont l'harmonie actuelle ne le cède en rien aux meilleures expositions des races les plus pures.

« La culture, de plus en plus intensive dans le département, n'a nullement entravé, comme presque partout ailleurs, l'essor de l'élevage ovin Berrichon, le troupeau sélectionné s'accommodant aussi bien au pacage que de la stabulation. La première méthode a l'avantage sur la seconde de nécessiter moins de dépense, le Berrichon se contentant du plus modeste pacage; néanmoins une nourriture plus abondante augmente sa précocité, en facilitant l'allaitement des jeunes agneaux. Au point de vue élevage, la solution mixte est la plus satisfaisante, et elle est suivie partout dans l'Indre.

« De mars à fin octobre, le troupeau est dans la plaine, avec adjonction, au départ de la bergerie, d'une petite ration de paille ou fourrage; le soir, il reçoit généralement une nouvelle ration de paille, qui, une fois fourragée, sert à la litière. Pendant toute cette période, les Berrichons sont les glaneurs par excellence de nos plaines souvent arides en pacageant les diverses plantes; leur passage, qui n'est qu'un vagabondage continuel, assure mieux qu'un labour ou un déchaumage la levée des mauvaises graines tombées à la surface du sol après les moissons. Combien de trèfles incarnats semés en septembre ne reçoivent en fait de hersage, que leur piétinement et lèvent fort bien!

« La brebis Berrichonne sélectionnée est rustique; elle est prolifique et excellente nourrice. Sa faculté de prendre le bélier à toute époque de l'année est précieuse, car dans les troupeaux importants de l'Indre, d'une moyenne de 200 à 300 brebis, dont quelques-uns atteignent 500 mères, il est indispensable d'échelonner les agnelages. En général, la mise bas se fait en deux périodes, au printemps et à l'automne, presque toujours avec une grande régularité.

« La lutte se fait librement, sans jamais le secours de bout-en-train, sans même opérer le triage des brebis luttées.

« Les produits agneaux sont généralement vendus maigres, et achetés par les départements des bassins de la Loire et de la Seine, de même que les brebis de rebut annuel. Les prix en sont très élevés, généralement.

« Néanmoins quelques éleveurs engraissent tout ou partie des agneaux et en tirent d'excellent parti, car leur chair succulente, qui peut défier toute comparaison, est estimée et payée aux plus hauts cours.

« La brebis Berrichonne est le moule par excellence de la

Librairie Agricole de la Maison Rustique

L. Barillot pinxit.

Léon Mège, Paris.

Bélier et brebis de la race berrichonne de l'Indre

reproduction; accouplée avec les béliers anglais ou Dishley-Mérinos, elle donne un produit idéal de précocité et de qualité, mais lequel doit être impitoyablement livré à la consommation. Les Southdown-Berrichons réalisent l'idéal de la production, de la boucherie et du consommateur, et ce n'est pas l'un des moindres mérites des brebis Berrichonnes de produire aussi économiquement cet agneau avantageux.

« La sélection a nettement affirmé les excellents caractères de la vieille race Berrichonne, avec un poids un peu plus élevé, résultante de l'amélioration culturale et des soins meilleurs donnés aux animaux, ainsi que de l'hygiène.

« Ces caractères essentiels sont mentionnés sur tous les programmes des concours du département; les principaux sont : la tête dolycocéphale sans tache ni rousseur, l'ossature fine, le front découvert, pas de cheville osseuse, les oreilles non tombantes, sans taches, et de longueur moyenne; les jambes également sans taches, et complètement dégarnies de laine à partir du genou et du jarret; enfin, la toison à mèche carrée et assez serrée, et le poil de la tête ainsi que des jambes de couleur blanche un peu luisante, tirant sur l'ivoire. Ce dernier caractère a pour nous une grande valeur, car il ne se rencontre pas dans tout animal ayant une infusion sérieuse de sang anglais ou Dishley-Mérinos.

« Contrairement au mouton du Cher et en général à tous les moutons anglais, le train de derrière est plus développé que celui de devant.

« Le mouton de Crevant est plus puissant, plus élevé sur jambes, et d'une conformation moins régulière. La toison est plus tombante. Sa dissemblance est suffisamment grande avec le Berrichon de Champagne pour éviter toute confusion. Il est rustique et très résistant à la cachexie.

« Le mouton dit de la Brenne, ou *Brennou* cité par différents auteurs, n'est en réalité qu'un Berrichon de Champagne acheté en bas âge aux foires d'automne du pays sain d'élevage de l'Indre, dans les arrondissements de Châteauroux et d'Issoudun, puis nourri durant l'hiver, quelquefois même engraissé, et vendu au printemps ou à l'été suivant.

« Il ne nous appartient pas de faire la critique de l'élevage en général, que chaque pays est juge de faire à sa manière. Néanmoins le devoir des éleveurs de l'Indre est d'exposer le résultat de leurs travaux et d'en tirer des conclusions.

« Les opérations de sélection judicieuse et persévérante, ont amené la prospérité actuelle du troupeau Berrichon renové.

« La prospérité ovine de l'Indre s'accentue du fait de la sélection; celle du Cher diminue du fait du métissage. Cela est une indication que nous sommes dans la bonne voie. »

Un marché des laines a été créé à Châteauroux. Il s'y traite chaque année des affaires très importantes.

RACE LAURAGUAISE

Le Lauraguais est un ancien petit pays de France, qui avait le titre de comté et était situé entre l'Albigeois et le Haut-Languedoc. Parmi les personnages qui ont apporté le plus de célébrité à ce titre, il faut citer Diane-Adélaïde de Nesle, comtesse de Lauraguais, et le duc de Brancas, comte de Lauraguais, qui participa aux recherches de Lavoisier sur la nature du diamant, perfectionna la fabrication de la porcelaine, contribua à propager l'inoculation de la variole, fut nommé membre de l'Académie des sciences et mourut pair de France sous la Restauration.

En zootechnie, le Lauraguais est connu pour la race de moutons à laquelle on a donné son nom. Cette race ovine habite la vaste *plaine du Lauraguais,* qui s'étend de Toulouse à Castelnaudary, et qui par conséquent occupe les deux départements limitrophes de la Haute-Garonne et de l'Aude.

Cette race Lauraguaise n'est qu'une variété de la *race des Pyrénées* (Sanson) qui occupe les deux versants (français et espagnol) de cette chaîne de montagnes, et qui s'est, en outre, étendue, en France, sur les départements des Hautes et Basses-Pyrénées, de l'Ariège, des Landes, du Gers, de la Haute-Garonne, de l'Aude, du Tarn, de l'Aveyron, de la Lozère, du Tarn-et-Garonne, du Lot, du Lot-et-Garonne. Dans cette aire géographique assez vaste on distingue les races (ou variétés), *de Larzac, des Causses albigeoises,* la *Béarnaise,* la *Basquaise,* la *Landaise,* l'*Agenaise,* la *Gasconne,* l'*Ariégeoise,* la *Lauraguaise.*

Dans la variété Lauraguaise, la tête est toujours dépourvue de cornes, mais elle a tous les autres caractères craniens de la race des Pyrénées : arcades orbitaires saillantes ; profil fortement busqué dans toute son étendue, sans dépression à la racine du nez ; lacrymal déprimé, à larmier profond ; grand sus-maxillaire déprimé le long de sa connexion avec le sus-nasal ; épine zygomatique accentuée (pommettes saillantes) ; extrémité de la face large ; tête étendue sur le cou, un peu *portée au vent.* Tête relativement forte, à museau mousse, à lèvres fortes et à bouche grande. Les oreilles, de longueur moyenne, sont pendantes. Le col est long, les membres hauts et assez forts.

La tête et les membres sont dépourvus de laine. La toison s'étend jusque sur le front, sous le ventre et au niveau du genou et du jarret. Elle est tantôt blanche (comme sur le bélier de

Librairie Agricole de la Maison Rustique

Bélier et brebis de race Lauraguaise

notre planche coloriée), tantôt grise (comme sur les brebis).

La taille est généralement de 0m,60 à 0m,65. Le corps est relativement ample ; mais il y a disproportion entre le train postérieur, et le train antérieur, qui est ordinairement moins développé et un peu étroit.

La laine a un caractère tout particulier. Tandis que dans les autres variétés de la race des Pyrénées, la toison est formée de mèches pointues et bouclées, constituées par des brins longs, faiblement ondulés, d'un fort diamètre (0mm,035 au moins), on constate chez la race Lauraguaise que la toison est en mèches régulières et non pointues, formées par des brins fins (diamètre 0mm,025 au plus), à ondulations rapprochées. En somme, la toison rappelle celle des Mérinos. Or, cela s'explique par des croisements déjà anciens, accomplis d'abord vers 1750, alors que d'Étigny, intendant de Béarn, introduisit d'Espagne des béliers en Roussillon, et, depuis, exécutés avec les béliers de l'ancienne bergerie nationale de Perpignan (de 1800 à 1842). Or, la race Lauraguaise conserve la trace de ces croisements, mais seulement dans sa toison, et encore même dans la *nature* de la laine plutôt que dans son *étendue* : car la toison, qui s'étend parfois jusque sur le front et sur les joues, ne descend jamais jusque sur les membres. La toison pèse 3 kilogr.

Les bêtes à laine (dit M. Heuzé) ont eu pendant longtemps une grande importance dans le Bas-Languedoc : d'une part, elles étaient presque le seul revenu des terrains pierreux de la Narbonnaise ; de l'autre, leur laine a largement contribué à la prospérité des fabriques d'étoffes de laine qui ont rendu célèbres Carcassonne, Narbonne, Limoux, etc., pendant les XIIIe et XIVe siècles.

Comme les autres variétés de la race pyrénéenne, la race Lauraguaise est de tempérament robuste et très féconde ; les brebis font deux agneaux et leur aptitude laitière est très développée. La qualité de la chair est estimée, sa saveur est agréable. Les moutons pèsent de 35 à 40 kilogr.

La race Lauraguaise s'est répandue dans la plus grande partie du bassin de la Garonne. On la trouve jusque dans le Gers, le Lot-et-Garonne, le Tarn-et-Garonne ; mais elle est surtout nombreuse dans les plaines de la Haute-Garonne, de l'Aude et de l'Ariège.

Dans ces derniers temps, à plusieurs reprises, elle a été l'objet des tentatives de croisement avec les variétés anglaises et leurs métis, notamment avec le Dishley, le New-Kent, le Dishley-Mérinos et le Southdown. « Mais, dit M. Sanson, toutes ces tentatives, faites par des esprits plus spéculatifs que pratiques, ont plus ou moins échoué devant les conditions de climat et de système de culture ; elles n'ont eu que les succès éphémères des concours, qui ne tiennent aucun compte des résultats financiers. »

Le mieux est donc ici, comme toujours (ou *presque toujours*, afin d'éviter les doctrines absolues) de rechercher l'amélioration des races par la *sélection* plutôt que par le *croisement*.

LA RACE DES CAUSSES DU LOT

On donne le nom de *Causses* à de vastes plateaux calcaires, parfois bordés de falaises, dont quelques-uns sont grandioses par leur aspect nu et désolé. Ces plateaux s'étendent sur les départements du Tarn, de l'Aveyron et de la Lozère. Leur altitude varie de 300 à 400 mètres. « Ces plateaux, dit M. Heuzé, sont pierreux et arides. La végétation arbustive y est rare. Étant très élevés au-dessus des rivières et des ruisseaux, ils manquent d'eau pendant l'été. Il est vrai que les pluies y sont ordinairement abondantes pendant l'automne et l'hiver, mais les eaux qu'elles produisent vont généralement se perdre ou dans des fissures ou dans des *gouffres* ou entonnoirs, qui les dirigent dans les vallées, sous forme de sources très abondantes, à la base de versants souvent très rapides.

Ces plaines, caillouteuses et peu fertiles, étaient autrefois couvertes de forêts de chêne. De nos jours, on n'y observe que des taillis clairsemés dans lesquels on récolte souvent des truffes noires très parfumées. Les terres labourables qu'on y rencontre çà et là sont cultivées par les populations qui habitent les hameaux, qui sont peu nombreux ; ces terres sont encloses de murs en pierres sèches.

« La production herbifère des Causses est utilisée par des bêtes à laine depuis le printemps jusqu'en automne. La végétation des plantes indigènes est trop faible pendant l'hiver pour qu'on puisse continuer à maintenir les troupeaux durant cette saison sur les plateaux. »

Les moutons composant ces troupeaux sont désignés, dans le pays sous le nom de *Caussinards*. On les appelle parfois aussi *Albigeois*. Ils appartiennent manifestement à la race des Pyrénées, dont ils présentent tous les caractères spécifiques.

« La race des Causses se distinguent par des caractères particuliers : son corps est de moyenne longueur, elle est haute sur jambes, mais son ossature est relativement grêle ; ses côtes sont plates, son garrot est mince, ses cuisses sont peu fournies et son dos souvent bas ; sa tête est forte, généralement dépourvue de cornes, déprimée à la hauteur des yeux et très busquée jusqu'à la base du chanfrein ; les oreilles de moyenne largeur, sont pendantes et présentent, comme la face, des taches noires plus ou moins nombreuses et apparentes.

Dans cette race, la laine a peu de valeur. La toison est peu

Librairie Agricole de la Maison Rustique.

Bélier et brebis des Causses du Lot.

étendue : elle laisse à nu les jambes et la tête. La laine est longue à brins grossiers, peu chargés de suint. Elle forme une toison ouverte, peu pesante, à mèches pendantes, sans aucune trace des anciens mélanges avec le Mérinos. Le brin de laine est assez résistant. Chaque bête adulte donne 2 kilogr. 500 de laine en suint, qui au lavage, se réduisent à 2 kilogr. 400. D'ailleurs, sur les Causses on s'occupe peu du lainage.

La race est bonne marcheuse, très rustique, et d'une remarquable sobriété. Sur les Causses, les moutons n'ont d'autre nourriture que l'herbe qu'ils y trouvent pendant la belle saison. Rentrés à la bergerie en hiver, ils ne mangent que de la paille. Ils n'en résistent pas moins à la rigueur du climat et aux fatigues qu'ils doivent endurer. Pendant leur séjour sur les Causses, ils font souvent de 20 à 25 kilomètres pour trouver la nourriture dont ils ont besoin.

Durant sa vie, la race est exploitée pour son lait. Les brebis sont bonnes laitières, et leur lait, soit pur, soit mélangé au lait de vache, sert à fabriquer les excellents fromages livrés à la consommation sous le nom de *fromage de Rocamadour, fromage de Gramat.*

Après sa mort, la race fournit une viande estimée. Chaque année, l'on conserve un tiers environ des agneaux qui naissent dans les bergeries; les deux autres tiers sont livrés à la consommation lorsqu'ils sont âgés de plusieurs semaines. Quant aux adultes, ils suivent des fortunes diverses : les uns vont paître les herbes des montagnes de l'Auvergne, pour être livrés ensuite aux marchés de Paris et de Lyon; les autres, après avoir parcouru les Garrigues du Gard et de l'Hérault pendant la belle saison, s'engraissent en automne à la bergerie en consommant des marcs de raisins. Tous fournissent, après leur engraissement, une viande renommée pour sa saveur, et dont le rendement peut aller jusqu'à 65 pour 100.

On n'a qu'une chose à leur reprocher : leur conformation. Elle est défectueuse et aurait besoin d'être améliorée. Pour cela, il faudrait à une sélection attentive joindre une alimentation substantielle qui leur fait généralement défaut jusqu'à l'heure de l'engraissement. Cette parcimonie alimentaire rend l'engraissement plus long et plus difficile qu'il ne devrait l'être, et entretient la conformation défectueuse où le squelette prédomine au détriment des masses musculaires, c'est-à-dire de la viande comestible.

RACE DE L'AVEYRON

La race de l'Aveyron appartient à la race des Pyrénées, comme la race Lauraguaise précédemment décrite.

La race de l'Aveyron, d'après les éleveurs du pays, se rapproche beaucoup plus de celle des Causses du Lot que de celle du Larzac. Cependant, elle diffère de celle des Causses par les marques qu'elle porte à la figure. Dans la race du Lot, ces marques sont d'un noir d'ébène; dans la race de l'Aveyron, elles sont de couleur de bois et rappellent la peau du tigre. La race de l'Aveyron a le corps moins haut sur jambes que celle des Causses; le corps est plus volumineux, plus ramassé, plus trapu.

La race est rustique et forte mangeuse. Elle a deux aptitudes également remarquables. Elle donne pour la boucherie une viande très bonne, et en grande quantité, car le rendement est de 65 %. En outre, elle fournit en abondance un lait très bon qui sert à faire d'excellents fromages. Une brebis bien nourrie donnerait en moyenne trois demi-litres de lait par jour.

Le bélier varie comme taille entre 80 et 90 centimètres; la brebis va de 75 à 85 centimètres.

La laine est blanche et très fine. Elle se rapproche beaucoup de celle du Mérinos, comme dans plusieurs autres variétés de la race des Pyrénées. Cette ressemblance s'explique par les nombreux croisements où l'on a fait intervenir le Mérinos.

La quantité de laine fournie par la race de l'Aveyron varie entre 2 et 3 kilogr. par an.

La toison est ordinairement blanche, et la peau est alors très blanche. Cependant, il arrive quelquefois que la brebis donne un agneau complètement noir; alors la peau est noire. D'autres fois, l'agneau est seulement tigré; alors la peau est tigrée.

La race de l'Aveyron a la tête ordinairement blanche; pourtant elle peut l'avoir tigrée. Ainsi, dans la naissance de deux brebis jumelles, on a parfois constaté que l'une des deux jumelles a la figure entièrement blanche, tandis que sa sœur a la figure tigrée.

La race de l'Aveyron est très facile à élever. Elle prospère, là où d'autres risqueraient de mourir de faim. Elle mange de tout, paille, foin, feuilles, etc. Bien nourrie, elle peut avoir

Librairie Agricole de la Maison Rustique

U. de Penne pinx

Bélier et brebis de la race de l'Aveyron.

deux portées par an. Elle est rustique, résiste à tout, n'a jamais « ni indigestion, ni piétin »; bref, elle n'est jamais malade.

La présence de cette race dans la Corrèze mérite d'être relevée, car elle a une signification importante. Elle marque, en effet, une nouvelle extension de la race des Pyrénées vers la partie septentrionale de son aire géographique. Pendant longtemps, cette race des Pyrénées (sous les différentes désignations que l'on donne à ses diverses variétés) n'avait pas franchi, au Nord, le département du Lot. Établie solidement dans les Basses-Pyrénées, les Hautes-Pyrénées, la Haute-Garonne, l'Ariège, l'Aude (en partie), les Landes, le Gers, le Tarn-et-Garonne, le Tarn, la Lozère, l'Aveyron et une partie du Lot et du Lot-et-Garonne, la race paraissait bornée au Nord par la rivière du Lot. Cette barrière est aujourd'hui franchie, et la race a envahi la Corrèze, en concurrence avec la race auvergnate, qui occupe le Cantal, le Puy-de-Dôme, le Limousin, les Deux-Sèvres et les Charentes. Cette extension vaut la peine d'être soulignée; car la race auvergnate, qui occupe cette contrée, se fait remarquer par une chair délicate, renommée pour sa saveur fine et agréable. Il est vrai qu'elle ne donne guère que 500 à 750 grammes de laine et qu'elle n'a pas les qualités laitières de la race des Pyrénées.

D'ailleurs, cette extension ne fait que confirmer le développement général de cette race ovine laitière qui, rien que dans le Larzac, compte aujourd'hui 500.000 têtes au lieu de 50.000 au siècle dernier.

RACE DE LARZAC

Le plateau du Larzac fait partie de la région des *Causses du midi;* il est situé entre Saint-Affrique, Millau, Florac et Lodève, occupe une partie des départements de l'Aveyron et de la Lozère, et le nord de celui de l'Hérault, dans une région où se trouvent les célèbres caves de Roquefort.

Le Causse du Larzac occupe une superficie de plus de 100.000 hectares, à une altitude qui varie de 700 à 900 mètres. Son aspect général, dit M. Marre, professeur d'agriculture de l'Aveyron, est des plus tristes. Il est bordé, surtout au sud et à l'est, par de gigantesques escarpements à la base desquels, 300 ou 400 mètres plus bas, coulent des rivières nées de l'infiltration des eaux de pluie (le Tarn, la Dourbie, le Cernon, la Sorgue, l'Orb, la Lergue). Ces rivières arrosent et fertilisent les vallées de cette région, dont la végétation verdoyante contraste avec l'aridité des sommets.

Sur les hauteurs du Causse, les habitations sont rares. Le roc émerge de partout. Dans ses interstices poussent des arbres rabougris, des herbes languissantes. Le climat est des plus rudes, car ce plateau est grillé en été par un soleil torride, brûlé en hiver par le froid et la neige, balayé toute l'année par le vent.

De nombreux troupeaux de brebis savent utiliser les chétives graminées, les légumineuses délicates, les herbages rares, mais aromatiques et substantiels, qui croissent dans les interstices des rochers dont le sol est jonché. De toute cette pâture sauvage, les brebis fabriquent un lait abondant et savoureux que l'homme utilise à son tour pour en faire les fromages si estimés de Roquefort.

Les brebis élevées sur le Causse du Larzac (et le Causse Noir, son voisin) constituent une variété de la race des Pyrénées (*Ovis aries iberica*, Sanson) désignée sous le nom de *race du Larzac.*

Dans cette race, la taille se maintient entre 50 et 60 centimètres, avec une longueur de corps de 1 mètre à $1^{m},25$, ce qui montre que les membres ont été raccourcis. La tête est toujours dépourvue de cornes. La toison, fine et tassée, se rapproche souvent, par la forme de ses mèches et par les caractères de ses brins, de celle du Mérinos.

Chaque brebis donne, en moyenne, assez de lait pour fournir, dans une année, 15 à 16 kilogr. de fromage. Dans quelques troupeaux, le rendement va jusqu'à 25 kilogr., et, par exception, jusqu'à 30 kilogr., comme le témoignent les

Librairie Agricole de la Maison Rustique

Bélier et brebis de la race du Larzac.

feuilles de livraison à la Société des caves de Roquefort.

Presque tous les agneaux mâles sont vendus au boucher quelques jours seulement après leur naissance. Leurs peaux alimentent les mégisseries et les fabriques de ganterie de Millau et de Meyrueis.

Dans ces conditions, le produit brut annuel d'une brebis du Larzac n'atteint pas moins de 28 à 30 francs. Il est allé, dans quelques cas, jusqu'à 48 francs, dont 37 fr. 40 pour le fromage, 5 fr. 40 pour la laine et 5 fr. 20 pour l'agneau.

Au revenu précédent, il faut ajouter celui de la vente du fumier (appelé *miou*), très riche en phosphates et très recherché des vignerons du Languedoc, qui le paient au prix de 3 francs les 100 kilogr.

La race du Larzac s'est grandement améliorée sous tous les rapports. On a pu corriger les défauts corporels et augmenter la faculté laitière. Autrefois, il fallait le lait de 8 ou 9 brebis pour obtenir 40 kilogr. de fromage par an, ce qui faisait moins de 5 kilogr. par tête. Aujourd'hui, ce chiffre a plus que doublé.

Une autre cause a beaucoup contribué aussi au développement des aptitudes de la race du Larzac, c'est l'institution d'un concours annuel à La Cavalerie (Aveyron), au centre du Larzac. A ce concours, les exposants sont tenus de faire figurer au moins le cinquième de leur troupeau. La plupart ne s'en tiennent pas à cette proportion, et ils conduisent souvent sur le champ du concours le quart, le tiers, la moitié, parfois même la totalité de leurs animaux. Le nombre des sujets exposés dépasse souvent 12.000.

Pendant longtemps, les brebis du Larzac ont été nourries exclusivement par les pâtures naturelles du plateau qu'elles habitent. L'introduction de la culture des prairies artificielles a provoqué un développement considérable de la race, qui, en un siècle, a décuplé (500.000 têtes au lieu de 50.000).

Un propriétaire agriculteur de l'Hérault, M. Alex. Vitalis, à Grandmont (par Lodève), a recommandé spécialement la nourriture au moyen du tourteau de coton d'Égypte. Il en a conseillé vivement l'emploi comme très économique et comme augmentant beaucoup la production du lait. Mais pour la fabrication du fromage, cette nourriture n'est pas sans inconvénient.

D'après M. Paul Lebrou, ingénieur à Roquefort, la luzerne fraîche donne un lait d'une saveur agréable, fournissant 26 à 27 % de bon fromage, alors que le lait des plateaux n'en donne que de 20 à 22. En entrecoupant la consommation de luzerne par quelques heures de dépaissance sur des pacages naturels, où croissent en abondance le thym et le serpolet, le lait est aromatisé agréablement et le fromage semble en être meilleur.

Lorsque la rigueur du temps ne permet pas de sortir les troupeaux, on les nourrit à l'étable avec de la paille et du foin sec. Celui de luzerne convient le mieux. Celui de trèfle donne un lait très riche, mais d'aspect verdâtre, et le fromage est plus difficile à préparer.

LES MOUTONS BIZETS

A notre époque où la réduction des populations ovines est un fait inéluctable, alors qu'on voit de nombreuses variétés locales françaises disparaître par extinction ou croisement continu avec les races anglaises, il est véritablement intéressant de noter les récentes tentatives réalisées en vue de reconstituer ou d'améliorer ces précieuses variétés françaises locales, capables de rendre, dans les conditions spéciales du milieu où elles vivent, les plus grands services.

La réputation acquise dans ces temps derniers par le mouton Bizet est un des faits les plus caractéristiques à cet égard. Aussi a-t-on créé pour lui au concours général agricole de Paris une catégorie spéciale, alors qu'il était classé autrefois dans le groupe hétérogène des races françaises diverses.

Nous empruntons à M. Paul Diffloth, ingénieur agronome, tous les renseignements qui suivent sur cette tribu ovine.

« Les moutons Bizets habitent normalement la région pittoresque et accidentée groupant les arrondissements de Brioude (Haute-Loire), Saint-Flour et Murat (Cantal). Les qualités de rusticité, de sobriété, d'endurance de cet ovidé étaient connues depuis longtemps, et ces qualités jointes à la réputation de finesse de sa chair rendaient son élevage rémunérateur. Cependant, une compréhension inexacte des conditions de la production ovine avait déterminé, il y a une quinzaine d'années, les éleveurs à tenter de *grossir* le type à l'aide de croisements. Il n'est pas inutile de noter ici l'influence désastreuse qu'exercèrent ces théories sur l'élevage français au siècle dernier; c'est en voulant *grandir* la taille des chevaux Limousins, Ardennais, Auvergnats, Bretons, Landais, Navarrais qu'on a compromis l'avenir de ces populations équines; c'est en voulant *amplifier* leurs petites vaches Bretonnes avec le Durham, que certains éleveurs du Finistère ont retardé la sélection du type pur Breton; pareille erreur allait se commettre avec les moutons Bizets, en contrariant la loi primordiale de l'adaptation du type ethnique aux conditions mêmes du milieu.

« Le danger de ces tentatives n'échappa pas aux esprits clairvoyants, et, à l'instigation de M. Tallavignes, des Concours spéciaux furent organisés pour le mouton Bizet afin d'examiner en toute équité l'état de pureté du type indigène. Le premier Concours tenu à Massiac (Cantal) en 1905 montra parmi l'affluence des exposants, la nécessité de revenir au

Librairie Agricole de la Maison Rustique

L. Barillot pinxit. Léon Mège, Paris.

Bélier et brebis bizets

type pur du Bizet. Le Bizet est en effet un mouton de petite taille ou de taille moyenne, et ce serait une coupable erreur que de s'éloigner de ce format réduit et de cet ensemble de « légèreté, de finesse » qui constitue également un signe distinct du type. La livrée particulière de ces ovins, blanche et noire, leur communique un cachet tout spécial dont la disposition n'est pas indifférente. Les éleveurs réunis en comité déterminèrent en effet les caractéristiques suivants de la race pure du mouton Bizet.

« L'œil doit être entouré d'une tache noire qui s'étend sur les joues jusqu'aux oreilles; sur la ligne médiane de la tête s'allonge une ligne blanche allant du museau au chignon.

« La tête du Bizet est assez longue avec un profil légèrement busqué et un front plat; l'oreille est fine, dressée; souvent le mâle est orné de cornes très développées, fines, contournées en volute lâche, à pointe relevée. Certains praticiens s'efforcent, par sélection, de tendre à un type amélioré privé de cornes; les femelles sont toujours « désarmées ».

« Les muqueuses doivent être de nuance foncée noire ou brune, la langue violacée, le palais bleuâtre; les testicules du bélier sont de couleur foncée noir ou brun.

« La conformation est élégante et légère, le cou bien dégagé; les membres sont fins, nerveux, de couleur noire ou brune très foncée, avec cette particularité originale que deux pattes au moins doivent être « pies — ce que l'on nomme dans le patois du pays des pieds « margots », — mais le blanc ne doit pas dépasser le boulet ou atteindre au plus le jarret.

« La peau entière de l'animal tondu apparaît bleuâtre ou gris de fer. Sur le corps, s'étend une toison, en « carapace » c'est-à-dire laissant la tête découverte et les pattes nues jusqu'à la moitié du jarret. La région des ars, l'aine, sont dépourvues de poils; un collier de jarre entoure le cou.

« La toison est assez fermée, à brins longs, fins, légèrement ondulés, de nuances gris-bleu à la base, blanc-jaune ou blanc-gris à l'extrémité; la teinte générale de la toison ne doit être ni trop blanche, ni trop foncée.

« La queue, très courte, est toujours à extrémité blanche.

« Tels sont les caractères généraux du Bizet que les éleveurs de la Haute-Loire et du Cantal améliorent avec un légitime succès. Les Concours spéciaux et généraux ont montré, en effet, les excellents résultats obtenus; le type a retrouvé son homogénéité et sa pureté anciennes, la poitrine a pris de l'ampleur, les gigots descendent plus bas.

« Déjà M. de Gautret, éleveur distingué de la Haute-Loire, obtenait au Concours général de Paris en 1906 le prix d'ensemble dans la catégorie des races ovines de petite taille; les succès remportés au Concours de 1908 par M. Olagnol et par M. de Gautret, avec les moutons dont la planche coloriée ci-jointe donne une exacte idée du modèle parfait, affirment l'état de perfectionnement de l'élevage du mouton bizet. »

RACE LIMOUSINE

Le Limousin a donné son nom à une race bovine illustre et à une race porcine qui jouit également d'une grande notoriété. Pour être moins connu, le mouton Limousin ne mérite pas moins de fixer l'attention des éleveurs. Quelle est son origine? M. Martial Laplaud, ingénieur agronome, va nous le dire.

« Il y a dans la Corrèze trois races ovines : la race des Causses, la race d'Auvergne (sud de l'arrondissement de Tulle) et la race dite de la Montagne. C'est cette dernière qui est désormais classée au Concours général de Paris sous le nom de race ovine Limousine.

« D'après M. Gillin, ancien professeur départemental d'Agriculture de la Corrèze, on rencontre comme bêtes se rattachant plus ou moins au type officiel de la race ovine limousine, plus de un million d'individus, c'est-à-dire 1/20e de la population ovine de la France. Le berceau de la « Race de la Montagne » semble être la région des Monédières et le plateau de Millevaches, plateau qui s'étend sur une partie de trois départements de la Corrèze, de la Haute-Vienne et de la Creuse, et qui comprend tout ou partie des cantons de Corrèze, Treignac, Bujeat, Sornac, Egletons, Meymac, Ussel, Eymoutiers, Gentioux, etc.

Voici les caractères distinctifs de la race tels qu'ils ont été notés par M. Léger, ingénieur agronome.

« Race dolichocéphale. Taille moyenne. Tête un peu allongée, assez forte, à profil légèrement convexe ou busqué.

« Absence de cornes, même chez le mâle.

« Arcades orbitaires peu saillantes.

« Oreilles longues, larges, épaisses, à peu près horizontales.

« Chanfrein légèrement busqué, surtout chez le mâle.

« Toison d'un blanc uniforme, avec poils satinés sur la tête, le cou et les oreilles.

« Laine ondulée en mèches, commune et demi-longue, se détachant facilement du corps.

« Squelette moyen, membres assez longs, fins, non couverts. Bonne conformation générale d'un ovin de boucherie.

L'ensemble des ovins limousins précédemment définis se rattache incontestablement au type du bassin de la Loire (*Ovis Aries Ligeriensis*). Cependant nous n'écouterons pas ceux qui feignent de croire à l'infusion d'un peu — oh si peu! — de

Librairie Agricole de la Maison Rustique

L. Barillot pinxit.

Léon Mège, Paris.

Bélier et brebis de race limousine

sang Crevant, qui, en mélange avec le petit Limousin ou le petit Marchois, aurait produit la variété dont nous nous occupons. Quand bien même, à une époque plus ou moins reculée, on aurait fait des croisements, serait-ce un grand malheur? Cela n'a d'ailleurs rien à voir avec la question telle qu'elle se pose aujourd'hui : les éleveurs de la Corrèze ont défini un type qui est certainement un idéal à certains points de vue, et dont ils vont chercher à se rapprocher dans la plus grande mesure possible, afin de constituer une *marque de fabrique* offrant à l'acheteur une garantie absolue.

« Transportez-vous maintenant par la pensée aux sources de la Vienne, qui se tord en méandres au milieu d'une vallée sauvage. Quelques cultures, quelques prairies humides, de place en place des îlots de châtaigniers, de résineux, de hêtres en nombre insuffisant, et puis sur des collines ou plutôt des montagnes à l'aspect morne et désolé, des landes, des bruyères et des fougères, où paissent les vrais moutons limousins. C'est le Plateau de Millevaches. Nous sommes au pays de la « *vraie Race* ». La marque de fabrique dont nous parlions plus haut, cela signifie Bujeat, *Tarnac, Saint-Merd-les-Oussines, Millevaches,* Peyrelevade, Sornac, Saint-Setier et un peu Meymac. Tout autour de ce noyau, la race est moins pure et moins sélectionnée : à Corrèze, Egletons, Treignac, etc., la pigmentation est plus fréquente, les oreilles sont plus courtes, moins épaisses et moins larges ; la toison est plus ouverte et se laisse plus facilement pénétrer par la neige.

« Je n'apprendrai rien aux professionnels du mouton en leur disant que la sorte la plus recherchée et se vendant les plus hauts cours était il y a deux ou trois ans d'un poids moyen de 20 kilog. de viande nette et souvent un peu plus, la côtelette étant suffisante et le gigot pas trop gros. Or plus on va, plus on recherche les agneaux ou moutons généralement croisés d'un poids de 16 *à 19 kilogr. de viande, et gras.* Ces agneaux « tombent » superbes comme couleur, ont une viande de goût très fin et fournissent de très bonnes peaux pour leur petite taille.

« Comment et pourquoi préfère-t-on de plus en plus le petit mouton au gros et même au moyen, c'est-à-dire celui de 17 à 19 kilogr. de viande à celui de 20 à 23 kilog.? Ces causes sont nombreuses. D'abord la cherté de la viande; les bouchers en détail préfèrent acheter de petits moutons pour arriver à avoir le moins de déchets possible. Ensuite, la clientèle parisienne n'aime pas la grosse viande grasse ; on préfère une petite côtelette à une grosse.

« Il faut du gros mouton pour les restaurants et les administrations, mais ce n'est pas lui qui se vend le plus cher. C'est pourquoi l'élevage du mouton peut être rémunérateur, tout en demeurant obligatoirement mi-extensif, comme on le pratique encore dans nombre de domaines à métayage : inutile de grossir outre mesure des bêtes à laine qui deviennent plus exigeantes, perdent leur rusticité et augmentent le risque par rapport au capital engagé. »

RACE CAUCHOISE

Le pays de Caux, d'où cette race ovine a tiré son nom, faisait autrefois partie de la Haute-Normandie, dans la région située au nord de la Seine. Son étendue était d'environ 70 kilomètres sur 60, et comprenait comme lieux principaux : Caudebec, Lillebonne, Yvetot, Saint-Valery-en-Caux, Bolbec, Arques, Dieppe, Eu, le Tréport. Il fait aujourd'hui partie du département de la Seine-Inférieure.

La race ovine qui peuple ce pays n'est pas très facile à caractériser. S'il faut même en croire un ouvrage spécial sur le mouton, publié par l'inspecteur général Lefour, il y a une quarantaine d'années, cette race, comme quelques autres de son voisinage, « n'appartenait plus alors qu'au domaine de l'histoire ».

La vérité est que l'ancienne race Cauchoise était formée d'éléments assez disparates; et lorsqu'on se reporte soit à d'anciennes descriptions, soit à des figurations anciennes, il est facile de reconnaître dans la population de cette époque plusieurs types très nettement différenciés. L'un des plus répandus était de très grande taille, au crâne étroit, au chanfrein busqué, de coupe ogivale, à la tête volumineuse, aux oreilles longues et pendantes; ce type se rattachait très manifestement à la race du Danemark, et en rappelait beaucoup les variétés Artésienne et Picarde.

Un autre type, moins commun, était de plus petite taille, et se rattachait à la race du Berry, qui avait des représentants jusqu'en Bretagne et en Normandie.

Un troisième type enfin se rattachait à la race des Pays-Bas, par sa variété anglaise de Romney-Marsh ou New-Kent, dont il avait le crâne large, le chanfrein peu arqué, en voûte plein cintre, avec des oreilles courtes, larges, horizontales, le corps ample et relativement bas sur jambes. On sait que, en 1774, il y eut une importation de moutons de cette race, faite par MM. Delporte aux environs de Boulogne, d'où ils gagnèrent les côtes voisines. En 1819, un M. Wollaston importa un troupeau de moutons de Romney-Marsh dans les environs de Dieppe. Cette importation fut suivie de plusieurs autres, faites par une société d'éleveurs.

Il se forma de la sorte une population métisse, où la réversion s'orienta tantôt d'un côté, tantôt d'un autre, avec prédominance soit de la race du Danemark, soit de la race des

Librairie Agricole de la Maison Rustique

Bélier et brebis de race cauchoise

Pays-Bas, suivant les goûts et les nécessités économiques du moment. Quant au type Berrichon, il en fut presque totalement éliminé.

Il est permis d'admettre qu'aujourd'hui la réversion s'est opérée presque totalement du côté du type de la race des Pays-Bas. Une étude attentive des sujets améliorés actuels avait conduit Sanson à se rallier à cette opinion. Dans la quatrième édition de son *Traité de zootechnie* (1901), le tableau de classification des Ovidés (t. II, p. 377) attribue à la race Batavique (ou des Pays-Bas) les variétés suivantes : Hollandaise de Texel et de Zélande ; Romney-Marsh (dite New-Kent); Cauchoise.

C'est bien à ce type qu'il y a lieu de rattacher le bélier et les brebis de race Cauchoise, dont nous donnons ici le portrait, et qui ont remporté les premiers prix à l'Exposition universelle de 1900. Ces animaux appartenaient à MM. E. et A. Lavoinne, à Boudeville (Seine-Inférieure) qui ont bien voulu, sur notre demande, nous transmettre un certain nombre de renseignements d'où nous extrayons ce qui suit.

La brebis Cauchoise ne donne généralement qu'un agneau. Toutefois, il y a suffisamment de jumeaux (20 à 25 %) pour combler tous les vides accidentels. Dans certains troupeaux, on est même arrivé, grâce à la sélection, à obtenir assez couramment deux agneaux à chaque mise-bas. Leur naissance a généralement lieu en février et mars.

Les moutons Cauchois sont presque partout élevés en plaine. Un mois ou deux après leur naissance vers le milieu d'avril, on commence à les sortir dans les jeunes trèfles ; et, vers la fin du mois, ils vivent et couchent complètement dehors. La base de leur nourriture est le trèfle violet mangé sur pied. On leur donne aussi du trèfle incarnat. Puis plus tard ils vont dans les *bléris* (guérets), et aussi dans des pâturages faits exprès pour eux (colza, navette, etc.).

Il y a lieu de noter que les bons éleveurs, qui tiennent à faire de très bons agneaux de boucherie, leur donnent de 200 à 300 grammes de maïs, orge ou avoine, par tête d'animal. Pour donner cette ration aux agneaux, on a soin de les séparer de leurs mères.

Quand les agneaux ne sont pas en état d'être vendus immédiatement à la boucherie, on les vend à des cultivateurs qui leur font passer l'hiver à la bergerie et qui les revendent ensuite soit à la boucherie, si ce sont des mâles, soit aux éleveurs pour remplacer leurs brebis de réforme, si ce sont des femelles.

Il est inutile de dire que les bons éleveurs (malheureusement assez rares), gardent toujours les femelles de leur troupeau pour les remonter.

A leur domaine du Bosc-aux-Moines, MM. Lavoinne élèvent leur troupeau complètement à l'herbage, système d'élevage qui paraît très favorable à l'amélioration de la race.

LE MOUTON ALGÉRIEN

(*Variété Barbarine*)

Il existe en Algérie plusieurs races de moutons, soit pures, soit croisées. Celle dont nous reproduisons le type se rattache à la *race Asiatique* ou *race de Syrie,* qui se distingue des autres races par les caractères crâniens suivants :

Front plat avec chevilles osseuses à base elliptique, éloignées l'une de l'autre, dirigées obliquement d'avant en arrière, et contournées en spirale très allongée. Ces chevilles osseuses sont parfois divisées en deux ou trois fragments diversement dirigés, de sorte qu'il paraît y avoir quatre, cinq et jusqu'à six cornes frontales. Leur bord supérieur est plus ou moins obtus, et le bord inférieur est tranchant. Les arcades orbitaires sont saillantes. Il y a une petite dépression au niveau de la racine du nez. Les os sus-nasaux sont faiblement arqués longitudinalement, et unis en voûte un peu ogivale, moins larges vers leur pointe. Le lacrymal est un peu déprimé; le larmier est peu profond. Le petit sus-maxillaire a les branches peu arquées, formant une arcade incisive petite. Face allongée, elliptique (Sanson).

La race Asiatique est de taille variable, mais toujours relativement grande (0m,70 à 0m,80). C'est la seule qui montre la multiplicité des cornes qui vient d'être signalée, résultant de la division des chevilles osseuses normales.

En outre, cette race a une particularité très singulière, signalée déjà dans l'antiquité. De chaque côté de la base de la queue se trouvent des masses adipeuses plus ou moins développées, parfois tellement volumineuses et pendantes, qu'elles forment à la partie postérieure du corps une espèce de trèfle, dont la queue serait le pied.

Cet amas graisseux (développement exagéré du dépôt adipeux qu'on appelle le *bord* ou les *abords* chez les Bovidés) paraît être en relation avec les conditions de milieu de l'animal. Dans les moments de disette, cette queue graisseuse est résorbée et diminue ou même disparaît, comme la bosse du dromadaire dans les mêmes circonstances. Il semblerait donc que ces masses sont des provisions ou des réserves alimentaires ménagées par la nature à une race exposée souvent à la disette. Ce qui justifierait cette opinion, c'est que les masses adipeuses de la queue ne se forment plus,

Librairie Agricole de la Maison Rustique.

Bélier et brebis de race algérienne.

lorsque, depuis un certain nombre de générations, la race habite des localités où l'alimentation est assurée.

La toison, formée d'une laine mélangée de poils grossiers, a toujours des brins d'un assez fort diamètre, en mèches pointues et bouclées. Sa couleur est très variable, blanche, grise, noire, le plus souvent rousse.

Cette race fournit des moutons dont la chair est d'un très bon goût, quand ils ont vécu dans de bonnes conditions et qu'ils ont été bien engraissés.

Les brebis sont très fécondes; elles font ordinairement deux agneaux. Dans certaines variétés, la peau de ces agneaux est utilisée pour donner la fourrure nommée *Astrakan*.

La race Asiatique a une aire géographique des plus étendues. Elle occupe un espace considérable en Asie, en Afrique, en Europe. D'une part, elle va depuis les bords de la mer de Chine jusque sur ceux de la Méditerranée, en passant par la Perse, la Syrie, l'Arabie, l'Égypte, les anciens États Barbaresques, les îles de la Méditerranée (Malte, la Sardaigne), et le sud-est de la France. D'autre part, elle va jusqu'aux bords de la mer Baltique en passant par la Turquie d'Asie, la Turquie d'Europe, les États du Danube, la Hongrie pour arriver jusqu'en Russie.

En France, la race ovine Asiatique existe en Savoie, dans la Drôme, l'Isère, et le Dauphiné. Elle a acquis là des qualités laitières remarquables, surtout aux environs d'un petit village du nom de Sahune dans l'arrondissement de Montélimar. De là, le nom de *race de Sahune*, qu'on lui donne dans toute cette région. On la trouve encore en Provence, en Languedoc, et dans le département de l'Hérault, où elle est souvent croisée avec la race de Larzac. Dans le Gard et dans l'Hérault, on engraisse les moutons de cette race avec des marcs de raisins.

En Algérie, la variété de la race Asiatique porte le nom de *race Barbarine*. Elle habite le littoral algérien, depuis la Calle jusqu'à Oran, en remontant vers l'Aurès et l'Atlas. On la rencontre jusque dans la Haute-Égypte et dans l'Abyssinie. Les individus à cornes divisées y sont communs, surtout dans le sud de l'Algérie.

Suivant les lieux qu'elles habitent, suivant les soins dont elles sont l'objet, ces diverses populations présentent des caractères zootechniques généraux variables, surtout sous le rapport de la couleur et de la finesse de la toison. Le plus souvent, celle-ci ne dépasse pas 2 kilos et la laine est grossière.

Assez souvent, la race Asiatique est croisée avec la race Mérinos, surtout dans les provinces d'Alger et d'Oran.

Les colons algériens engraissent un grand nombre de moutons Barbarins, qu'ils expédient chaque semaine en France. Cette exportation s'est élevée, dans certaines années, à 500.000 têtes. Les moutons barbarins atteignent un poids vif de 40 à 50 kilogr., et ils fournissent de 20 à 25 kilogr. d'une viande de saveur agréable et d'assez bonne qualité quand elle a été bien engraissée.

RACE DE DISHLEY

La race de Dishley appartient au type désigné par Sanson sous le nom de *Germanique*. Voici les caractères qu'il lui attribue :

Front large; chevilles osseuses généralement absentes et remplacées par de fortes dépressions des frontaux. Arcades orbitaires très saillantes. Petite dépression au niveau de la racine du nez. Os sus-nasaux réunis en ogive au niveau des lacrymaux, faiblement arqués à partir de leur tiers supérieur environ. Larmier profond. Grands sus-maxillaires déprimés. Petits sus-maxillaires à branches peu arquées, formant une arcade incisive petite. Face triangulaire à base large, relativement courte.

La taille de la race Germanique est élevée : $0^{m},70$ à $0^{m},80$. La tête est toujours chauve. Elle est souvent marquée de taches ou de plaques noires ou rousses sur un fond blanc, surtout aux oreilles ou autour des yeux. Les membres sont longs, peu musclés, la cuisse est plate, par suite les gigots ont peu d'épaisseur.

La toison est grossière, à brins très longs : la longueur va jusqu'à $0^{m},30$. Les brins de laine ont un diamètre de quatre centièmes de millimètre au moins. Les mèches sont pointues et tombantes.

La chair est constituée par des fibres grossières. Sa saveur est fade, ainsi que celle de la graisse, qui se rapproche beaucoup du suif proprement dit.

Les sujets de cette race ont le mérite de supporter facilement l'humidité du sol et du climat, tandis qu'ils souffrent au contraire beaucoup de la chaleur et de la sécheresse.

Le berceau de la race paraît devoir être placé dans l'Allemagne centrale, probablement en Westphalie. Son aire géographique était beaucoup plus étendue jusque vers le milieu du dernier siècle : mais l'introduction des Mérinos lui a fait perdre beaucoup de terrain. On la trouve aujourd'hui dans la Westphalie, la Franconie, la Bavière, le Wurtemberg, dans les provinces Rhénanes et jusque dans la Basse-Alsace et le Luxembourg.

A l'époque des invasions saxonnes dans la Grande-Bretagne, la race a été transportée en Angleterre. Là elle a été l'objet d'améliorations considérables. L'une de ses variétés surtout, dans le comté de Leicester, a servi à inaugurer les

Librairie Agricole de la Maison Rustique

Bélier et brebis dishley

méthodes modernes d'amélioration du bétail, entre les mains d'un homme qui a conquis par là une célébrité universelle : Robert Bakewell.

Robert Bakewell naquit à Dishley, comté de Leicester, vers l'année 1725. Son père et son grand-père avaient exploité successivement la ferme de Dishley, et, lorsqu'ils la lui cédèrent, vers l'année 1755, Bakewell entreprit immédiatement l'exécution de ses plans pour l'amélioration des animaux domestiques, qui avaient probablement occupé ses premières années.

Il s'adonna simultanément à l'élevage du mouton, du bœuf, du cheval et du cochon. Tout d'abord il adopta une série de principes dont il ne s'est jamais départi. Il recherchait les meilleurs animaux de chaque espèce, et il les accouplait entre eux pour développer les caractères avantageux qu'il avait remarqués. Cette méthode de reproduction après sélection, il la poussait jusqu'à la consanguinité, convaincu que la proche parenté multipliait la puissance de l'hérédité, autant pour le bien que pour le mal.

La taille élevée chez les animaux, il la négligeait ou du moins il la recherchait peu. Ce qu'il recherchait de préférence, c'étaient les animaux à squelette réduit, et aussi les animaux précoces ou se développant rapidement, et d'un engraissement facile. La précocité et la tendance à l'engraissement sont deux qualités ordinairement liées l'une à l'autre, car elles tiennent toutes deux à une grande puissance digestive et à une faculté d'assimilation très développée.

Dans toutes ses pratiques, Bakewell paraît n'avoir pris conseil ni suivi les avis de personne. En revanche, il entourait ses opérations du secret le plus profond. On prétend que son unique confident était un vieux pâtre, qui connaissait seul les animaux couverts et par qui ils l'avaient été. Il s'enveloppait d'un système rigoureux de précautions secrètes. De jeunes gentilshommes, tels que le comte de Leicester, M. Culley, M. Buckley, et plusieurs autres également intéressés à connaître ses procédés, s'étaient mis en pension chez lui pour s'y instruire, et dans l'espoir de pénétrer ses secrets. Mais, malgré leur attention et leurs efforts, ils n'ont pu rien découvrir et n'ont jamais rien su de sa manière d'opérer. Ce mystère est constaté par ses plus grands admirateurs. « L'illustre éleveur, dit Sanson, n'a, en effet, ni écrit ni parlé sur ses pratiques. »

Robert Bakewell mourut à soixante-dix ans, universellement considéré comme le plus habile éleveur qui ait jamais existé. Mais il n'a laissé après sa mort aucun détail écrit de ses expériences. « On ne peut malheureusement, dit David Low (un de ses compatriotes), attribuer cette conduite qu'à la cupidité d'une âme mercantile, voulant empêcher les autres de profiter de ses propres connaissances. » David Low ajoute pourtant : « Avant lui, aucun éleveur n'avait fait autant; et, après lui, tous l'ont suivi ».

En effet, c'était à qui se dirait élève de Bakewell, quoique ce maître n'eût révélé ses secrets à personne. Tout ce qu'on avait pu surprendre de ses procédés, pendant les quarante années qu'il poursuivit son élevage, c'est qu'il choisissait de préférence les animaux ayant une grande aptitude à l'engraissement et à la précocité, à corps ample, à squelette réduit, et qu'après avoir fait sélection des individus doués au plus haut point des qualités cherchées, il les reproduisait entre eux, même entre parents les plus proches. On savait enfin qu'il nourrissait très abondamment ses animaux dès leur naissance, ce qui était indispensable à leur développement précoce et à leur engraissement. Voilà tout ce qu'on savait. Or, c'est tout ce qu'il fallait savoir, car ce sont là les règles fondamentales de l'amélioration du bétail. Pour tout le reste, le mystère que Bakewell a pu garder ne concerne que des détails accessoires dont la révélation importait fort peu.

Toujours est-il que par son système soutenu avec persévérance, Robert Bakewell transforma complètement la race des moutons du pays. Avant 1755, cette race, bien qu'elle vécût sous un climat uniformément doux et sur un sol fertile, était haute sur jambes, à squelette volumineux, d'un développement tardif. Il en fit une race au corps ample, au squelette réduit, d'un développement précoce, d'un engraissement facile. Bientôt la renommée de Bakewell remplit les trois royaumes, et tous les éleveurs se disputèrent ses béliers. Au lieu de les vendre, Bakewell inaugura une industrie nouvelle : il les mit en location. Dès 1760, il commençait ce genre d'opérations. Les débuts furent modestes, à ce que rapporte David Low. Les premières enchères ne produisirent pas plus de 20 à 25 francs par tête. Mais l'amélioration des béliers progressant toujours, par le perfectionnement de plus en plus rigoureux des méthodes employées (sélection, reproduction, développement de la puissance digestive), il y eut chaque année une hausse des prix offerts par les éleveurs pour la location des béliers. En 1786, Bakewell se faisait par là un revenu de 25.000 francs. A partir de ce moment, on relève des chiffres qui sont quasi fabuleux. En 1789, le prix de location de trois béliers s'éleva jusqu'à 30.000 francs (soit 10.000 francs par tête); et, cette même année, le revenu total des béliers loués dépassa 170.000 francs.

La race de Dishley ou de New-Leicester, telle qu'elle a été créée par Bakewell, se caractérise, au point de vue zootechnique, par des membres relativement longs, mais constitués par des os d'un faible volume. La tête est relativement petite, le squelette étant partout aminci. La disposition de la graisse en couche sous-cutanée épaisse (espèce de pannicule graisseux) donne à l'ensemble du corps l'aspect d'un parallélipipède (forme cubique), dont la face supérieure est surtout plane et un peu relevée vers la base de la queue, où la couche de graisse est normalement plus épaisse. En raison de cette disposition, le mouton de Dishley supporte difficilement les étés chauds. Il s'accommode mal de la chaleur et de la sécheresse. Mais en revanche il résiste beaucoup mieux que d'autres à un certain degré d'humidité atmosphérique, à laquelle ces animaux ont été habitués dans leur pays d'origine. En Angleterre, ils vivent presque constamment dehors, dans les herbages ou dans les champs de turneps, dans une atmosphère brumeuse.

La toison est formée de laine longue, grossière et rude, en mèches pointues et pendantes, peu serrées. Elle est absente à la nuque, parfois aussi au ventre et toujours aux membres. Les brins atteignent jusqu'à 25 centimètres de longueur et même davantage. Leur diamètre va de 33 à 43 millièmes de millimètre. C'est le type de ce qu'en Angleterre on appelle

Librairie Agricole de la Maison Rustique

Bélier et brebis dishley

les laines longues. Ces brins sont légèrement ondulés. Les toisons pèsent de 3 kilos à 3 kilos et demi.

Les Dishleys pèsent, de poids vif, jusqu'à 100 kilos et au delà. Ils rendent de 60 à 65 % de viande nette. Mais cette viande est de qualité très médiocre, surchargée de graisse et sentant souvent le suif. Des analyses faites par la commission de rendement établie au Concours Général Agricole de Paris ont établi que le rendement en viande nette avait été de 65 %. Mais cette viande présenta à la cuisine un déchet considérable. La sixième côtelette pesait 617 grammes. Mais, préparée par le cuisinier avant d'être mise au feu, il en fallut rejeter 445 grammes de graisse ; et sur les 172 grammes restant de viande comestible, il n'y avait que 37 grammes de noix de côtelette.

Les Dishleys ont été introduits un peu partout en Europe, notamment en France et en Allemagne, à cause de leur précocité et de leur fort poids. Mais ils ne se sont guère répandus, malgré une active propagande administrative. En Angleterre même, leur viande se vend toujours au prix les plus bas, et ils ne subsistent que sur les terres qui ne peuvent point nourrir d'autres moutons.

On a tenté de nombreux croisements à l'aide du Dishley; mais presque tous ont été successivement abandonnés. Un seul a persisté, c'est le croisement du Dishley avec le Mérinos auquel nous avons consacré précédemment une *notice* spéciale, et qui prend en France une extension de plus en plus grande dans les fermes de la région du Nord.

RACE SOUTHDOWN

Les côtes du sud de l'Angleterre, dans les comtés de Sussex, de Hamp et de Dorset, sont occupées par des dunes calcaires sur lesquelles poussent des herbes fines et savoureuses, d'une grande valeur nutritive. De temps immémorial, on a constaté dans cette région l'existence d'une population ovine à laquelle on a donné, pour ce motif, le nom de ces dunes du sud (*Southdown*). Cette race était déjà célèbre à l'époque de Guillaume-le-Conquérant.

Cette race n'est d'ailleurs que la variété d'une race à tête noire qui s'est étendue vers le nord-ouest sur les sols analogues, dans les comtés de Surrey, d'Oxford, de Worcester, de Shrop, et jusque sur les hautes terres de l'Écosse, de même que sur les terres accessibles du pays de Galles et de l'Irlande.

Voici les caractères crâniens attribués par Sanson à cette race à tête noire, qu'il a dénommée, en raison de l'origine qu'il lui attribue, *race Irlandaise :* front large et plat; absence générale de chevilles osseuses. Arcades orbitaires saillantes. Sus-naseaux en voûte plein cintre, sans saillie ni dépression à la racine du nez. Lacrymal sans dépression. Larmier peu profond. Arcade incisive petite. Face courte, triangulaire, à base large.

La peau est, sur tout le corps, plus ou moins pigmentée, depuis la teinte ardoisée jusqu'à la teinte noire. Elle l'est toujours sur la face et sur les membres, où les poils sont noirs, d'un ton plus ou moins vif, parfois rougeâtre, lorsque la peau est devenue très mince et très fine. Les oreilles sont petites et ordinairement presque dressées.

Jusqu'à la fin du dernier siècle, les moutons de Southdown étaient de petite taille : chez plusieurs d'entre eux, le poids vif ne dépassait guère 25 à 30 kilos. Les mâles, pour la plupart, avaient la tête pourvue de fortes cornes, le cou long et mince, la poitrine étroite, la croupe courte et avalée, les membres relativement longs. Les sujets ne pouvaient guère être engraissés avant l'âge de trois à quatre ans. La toison, peu tassée et en mèches courtes, ne dépassait point le poids de 1,500 grammes. Pourtant, ces animaux étaient remarquables par leur rusticité, par leur sobriété, et par la qualité de leur viande, déjà très renommée.

Telle était cette population ovine des dunes du sud du

Bélier et Brebis southdown

comté de Sussex, quand John Ellmann entreprit, vers 1780, de créer un troupeau perfectionné sur son domaine de Glynde, près de Lewes. Il essaya d'abord du croisement avec le Dishley et le Mérinos. Mais il ne persista pas longtemps dans cette voie. Après quelques efforts infructueux, il suivit les procédés employés par Bakewell, et s'en tint à l'amélioration par le régime alimentaire et la sélection. Ses résultats furent rapides et complets, et son troupeau fut déclaré incontestablement le premier de la contrée. Le premier Southdown était créé. John Ellmann se retira en 1829, après avoir été, pendant près d'un demi-siècle, le fournisseur de béliers perfectionnés et en quelque sorte l'instituteur de ses confrères dans l'art de l'élevage; car, au lieu de faire, comme Bakewell, un mystère de ses procédés, il les enseignait généreusement aux autres. Il mourut en 1832, à l'âge de quatre-vingts ans.

Après John Ellmann vint Jonas Webb, qui acheva de porter le Southdown au point de perfection où nous le voyons aujourd'hui. Le père de Jonas était un maître fermier qui habitait le domaine héréditaire de Streetly-Hall, près de Lintow, comté de Cambridge. Lorsque ses fils furent arrivés à l'âge d'homme, il leur dit qu'il faudrait faire des expériences avec plusieurs espèces de moutons, mais qu'il était trop vieux pour entreprendre cette opération, et qu'il leur en laissait le soin. Son fils Jonas entra dans cette voie, loua la ferme de Babraham, à six milles de Streetly-Hall, et commença ses essais en 1822.

Il fit d'abord porter ses expériences sur des Dishley (ou New-Leicester), si célèbres depuis Bakewell. Il s'adressa également aux Southdowns et à d'autres races ovines. Après plusieurs tentatives, il arrêta son choix sur la race Southdown. Il acheta dans le comté de Sussex les meilleurs animaux qu'il put trouver, et il s'occupa de les faire reproduire entre eux sans y introduire jamais aucun élément étranger.

Le terrain de Babraham était plus fertile que celui de Glynde, où John Ellmann avait poursuivi son élevage, et les soins de la bergerie n'étaient pas moins bien entendus. Jonas Webb put arriver à des résultats plus beaux encore que ceux de son prédécesseur. Il obtint chez ses animaux une taille plus élevée, une précocité plus grande, un squelette plus fin, des formes plus parfaites. Suivant quelques avis, l'amélioration de la race aurait même été poussée trop loin, et l'on affaiblit outre mesure son tempérament. Il est incontestable que l'amélioration, conduite à l'extrême, ne peut s'obtenir qu'aux dépens de la rusticité.

Il n'en est pas moins vrai que la réputation des Southdowns de Jonas Webb s'étendit non seulement dans toute l'Angleterre, mais encore à l'étranger. Le nom de la ferme de Babraham, à jamais célèbre, a retenti dans le monde agricole pendant plus de quarante années, grâce aux succès obtenus dans tous les concours de l'Angleterre par les béliers qui en sont sortis. « On allait à Babraham, dans ces derniers temps, comme en une sorte de pèlerinage, pour jouir du spectacle bienfaisant de l'hospitalité patriarcale offerte par le père de Jonas Webb, ce beau vieillard nonagénaire, rayonnant d'une gloire pure sur deux générations de fils qui l'entouraient de leurs respects simples et affectueux. »

C'était un spectacle curieux que celui de la ferme de

Babraham, aux grands jours des ventes publiques ou des locations de béliers. La fine fleur des *gentlemen farmers* s'y disputait les enchères avec une ardeur qui témoignait assez de la renommée de ces animaux sans pareils. Ces réunions étaient annoncées longtemps à l'avance dans les journaux. Le grand jour arrivé, la maison était ouverte dès le matin à tout venant. L'affluence, venue même de l'étranger, était considérable. Dès le matin, les béliers étaient exposés à l'appréciation du public, avec des tableaux indiquant le poids de l'animal et le rendement en laine à la dernière tonte. D'immenses tables étaient dressées comme un buffet pour les visiteurs. On y trouvait des pièces de bœuf énormes, des jambons savoureux, de la bière, du porto, du xérès, etc. Tout cela était englouti de huit heures du matin à deux heures de l'après-midi. A deux heures, les enchères commençaient, conduites par un commissaire-priseur expérimenté ; elles duraient toute l'après-midi, avec un entrain extraordinaire. Le soir, les tables réunissaient deux à trois cents convives dans des repas homériques, dévorés par des appétits formidables. On en parlait longtemps avant, on en parlait longtemps après, et cela dura ainsi pendant un tiers de siècle.

La réputation de Jonas Webb à l'étranger redoubla à l'époque de l'Exposition universelle de Paris en 1855, où étaient exposés ses plus beaux sujets.

L'empereur admira beaucoup ces magnifiques animaux et félicita l'éleveur sur son succès. Jonas Webb offrit à l'Empereur son bélier lauréat, dont on lui avait proposé une somme fabuleuse. L'empereur accepta ce magnifique cadeau, et quelque temps après, il envoya au généreux éleveur un splendide candélabre en argent massif, représentant un vieux chêne sous lequel s'abrite un groupe de chevaux en liberté.

Jonas Webb fit, dans l'été de 1861, la vente générale de son troupeau, qui produisit plus de 400.000 francs. Il mourut en 1862, à l'âge de 66 ans. On lui rendit des hommages posthumes plus rares alors qu'aujourd'hui. Une statue fut érigée par souscription à sa mémoire et fut placée à Cambridge, dans la halle du marché.

Son fils aîné, Henri Webb, continua son élevage, et il maintint le troupeau paternel au niveau où on le lui avait laissé. En 1889 et 1890, il fit une vente générale de son troupeau, et le prix moyen de ses animaux fut encore supérieur à celui de la vente de son père.

Beaucoup d'éleveurs, tant en Angleterre qu'en France, se sont livrés à l'exploitation du Southdown avec de grands succès. Et ici, l'on peut dire que c'est surtout la qualité de la viande qui a guidé les éleveurs. Car la laine, d'un diamètre plus fin que celle du Dishley, manque de résistance et de douceur, et le poids de la toison ne dépasse pas 3 kilos et n'atteint souvent que 1,500 grammes. Le corps est fort ample : il pèse de 80 à 100 kilos, le squelette est très fin, la taille est réduite. Le rendement en viande varie de 60 à 69 %. La sixième côtelette, chez les animaux très gras, présente presque autant de déchet que chez le Dishley. Mais la viande se fait remarquer par l'extrême finesse de son goût ; sur les marchés de Londres, c'est toujours celle qui se vend aux prix les plus élevés.

Le principal reproche à faire au Southdown, c'est sa grande susceptibilité au froid et surtout à l'humidité, ce qui se traduit

Bélier et brebis southdown.

sans cesse par un rhume de cerveau. Que de fois nous avons vu, au marché de la Villette, des troupeaux entiers de Southdowns qui auraient eu grand besoin d'être mouchés!

Les Southdowns anglais, surtout à la suite des perfectionnements que leur apporta Jonas Webb, de Babraham, se sont répandus de tous côtés; et l'on sait qu'il existe en France un grand nombre d'éleveurs de cette race, dont les produits, depuis longtemps déjà, ne le cèdent en rien aux plus renommés de l'Angleterre.

Deux éleveurs français doivent être mis hors de pair : M. de Bouillé et M. Nouette-Delorme. La célèbre bergerie, créée à Villars (Nièvre), par le comte Charles de Bouillé, a eu une réputation mondiale; elle a été dispersée après la mort de cet éminent *moutonnier*. Le troupeau non moins remarquable, fondé en 1865 à la Manderie (Loiret), par M. Nouette-Delorme, est maintenant entre les mains de M. Edmond Fouret qui l'a encore amélioré et l'a transféré récemment à la Norville, par Arpajon (Seine-et-Oise).

On a songé à utiliser la précocité des Southdowns et leur qualité de viande pour améliorer, par le croisement, les races ovines du centre de la France, notamment les Solognots et les Berrichons, non pas en vue de créer des races nouvelles, mais en vue de produire des animaux de boucherie de qualité supérieure et d'un développement précoce. Ce croisement industriel a surtout été inauguré en France par M. de Béhague, à sa ferme de Dampierre (Loiret). A la suite d'une visite faite en 1875 au domaine de Dampierre par une délégation de la Société centrale d'agriculture de France, Barral en a rendu compte dans une notice intéressante à laquelle nous allons faire quelques emprunts.

M. de Béhague, frappé de l'insuffisance des moutons Solognots qui occupaient primitivement son domaine, leur substitua d'abord des Mérinos. Peu satisfait des résultats, il tenta, sur les conseils d'Yvart, des croisements entre Solognots et Dishleys; mais il n'en obtint pas de bons résultats financiers. Il réussit mieux avec le croisement Southdown-Berrichon, et il s'arrêta à sa production. Pour l'obtenir, il entretint, d'une part, des brebis Berrichonnes; d'autre part, il eut un petit troupeau de Southdowns purs pour la production des mâles. Les agneaux mâles et femelles, obtenus par le croisement furent engraissés pour être livrés à la boucherie vers l'âge de neuf mois. Après la production de trois agneaux, les brebis Berrichonnes étaient envoyées à la boucherie.

Les résultats obtenus par M. de Béhague furent si remarquables, qu'ils suscitèrent un grand nombre d'imitateurs.

La production d'agneaux gris (ou d'agneaux sevrés) résultant de croisements avec les Southdowns, s'est également répandue dans l'Allemagne du Nord.

RACE SHROPSHIRE

La race ovine *Shropshire* appartient au groupe des moutons à tête noire de l'Angleterre; elle est une variété de la race des Dunes (*Ovis aries hibernica,* Sanson), dont la famille la plus célèbre est celle des *Southdowns.*

Nous avons rappelé l'histoire des Southdowns avec toutes les étapes de leur amélioration, par John Ellmann d'abord, puis par Jonas Webb. Nous ne reviendrons pas sur les caractères zoologiques et zootechniques généraux qui sont ceux de cette variété illustre et de toutes les autres qui en dérivent. Malgré tous ses mérites, les éleveurs anglais lui adressaient volontiers deux reproches : la petitesse de sa taille, et son manque de rusticité. C'est pour corriger ces imperfections que l'on s'est appliqué à créer des variétés nouvelles, auxquelles nous laisserons le nom de *races,* plus volontiers employé dans le langage courant : telles sont les races de *Hampshire* et d'*Oxford.*

La race Hampshire, appelée aussi quelquefois *Westcountry down,* est principalement élevée sur les formations crayeuses des comtés de Berk, Kant, Wilt et Dorset; on la rencontre encore dans le Sussex et le Surrey. Elle a pour origine le produit du croisement de la race pure de Southdown avec l'ancienne race à cornes et à face blanche de Hampshire et du Wiltshire, produit amélioré par la sélection et la nourriture, et dans lequel se combinent les qualités du Southdown avec la vigueur et le développement de la race primitive. Mais, comme dans tous les croisements, les produits étaient variables. Aussi observait-on, de 1815 à 1835, une dissemblance de caractères dans les troupeaux des divers éleveurs. Vers 1845, on reconnut la nécessité d'une amélioration générale : il fallait donner plus de finesse, plus d'harmonie à l'ensemble du corps, et accroître l'aptitude à l'engraissement. Un des plus célèbres parmi les éleveurs qui s'appliquèrent à cette amélioration, fut M. Humphrey, de Oaskah, près Newbury. Il pensa que les Hampshiredowns retiraient un grand profit d'une forte infusion du sang des Southdowns, les plus gros et les plus charnus du troupeau de Jonas Webb, et il réussit à créer un animal remarquable, connu sous le nom de *Hampshiredown amélioré,* qui l'emporte sur le Southdown par la taille et la rusticité.

Dans la première moitié du dernier siècle, un certain nom-

Librairie Agricole de la Maison Rustique

Bélier et brebis Shropshire.

bre d'éleveurs du comté d'Oxford entreprirent également la création d'une nouvelle race de moutons, qui réunirait le poids des moutons à longue laine aux qualités de la race des dunes. Le croisement fut opéré entre le bélier Cottswold, à face grise, et les brebis Hampshiredown. Jusqu'en 1850, ces moutons sont appelés *Downs-Cottswolds*. A partir de cette époque, ils reçoivent le nom d'*Oxfordshiredowns*, ou plus simplement *Oxforddowns*, du nom du comté où ils ont pris naissance. C'est en 1862, au grand concours de Battersea, que les Oxforddowns parurent pour la première fois comme race connue. Le rapport du jury leur fut favorable, mais objecta néanmoins leur manque d'uniformité.

La race de *Shropshire*, qui a commencé à être améliorée par M. Mines, de Berington, est celle qui depuis longtemps déjà a le plus attiré l'attention publique, à cause des beaux sujets exposés en Angleterre dans les concours de la Société royale. Elle ne diffère guère de la race de Southdown que par un plus grand développement. La taille atteint 70 centimètres chez le bélier, 65 centimètres chez la brebis. La laine est moins fine que chez le Southdown, mais elle a les brins plus longs et plus résistants. Les Shropshires sont aussi précoces que les Southdowns, et souvent même davantage. Les béliers pèsent jusqu'à 120 et 130 kilogr. à quinze mois, les brebis jusqu'à 80 et 100 kilogr. Sous ce rapport, il y a peu de différence entre eux et les Dishleys. La toison donne de 3 à 4 kilogr., parfois même de 4 à 6 kilogr. de belle laine.

Comme aspect, ce qui les différencie surtout du Southdown, c'est qu'ils ont la tête plus forte, la face proportionnellement un peu plus longue, et les membres grossiers. Leur chair est de saveur moins fine et moins agréable, quoique étant encore d'excellente qualité.

S'il en faut croire M. W. Carrington, la race des moutons Shropshire est, de toutes les races d'Angleterre, celle qui, probablement, tend à s'étendre le plus. Cette race s'accommode de tous les climats et réussit partout. Elle occupe, à l'exclusion de toutes les autres, une région qui s'élargit tous les jours dans les comtés du centre de l'Angleterre. « Avec une bonne toison, fine et compacte, un corps long, profond et large, le mouton Shropshire présente une conformation presque parfaite. Sa chair succulente a une grande proportion de maigre, et son aptitude à l'engraissement, sa précocité, sa rusticité, son tempérament robuste, en font une race véritablement d'élite. » Le même auteur ajoute que les brebis sont plus prolifiques que celles d'aucune autre race et sont d'excellentes laitières. Avec un troupeau de 100 brebis, on peut compter au moins sur 150 agneaux.

En Angleterre, pour les régions saines qui produisent de gros moutons, on comprend (dit Sanson) que la question de préférence ait pu se poser entre la race de Shropshire et celle de Dishley; cette dernière ne saurait lutter, en raison de l'infériorité de sa viande. Mais il n'est pas exact d'admettre que les Shropshires sont absolument préférés aux Southdowns; ceux-ci restent en possession de leur supériorité, attestée par le prix plus élevé de leur viande.

LA RACE DE SUFFOLK

Cette race est une variété de l'espèce à tête noire, si répandue dans les Iles Britanniques, à laquelle Sanson a donné le nom de race Irlandaise. La variété la plus célèbre de cette espèce, celle qui a été améliorée la première, est celle de Southdown, dont nous venons de retracer l'histoire. Les autres variétés méritent cependant une courte mention, ne fût-ce qu'au point de vue historique, d'abord parce qu'elles sont en voie de disparition, et, en outre, parce qu'elles ont servi, par suite de croisements avec les Southdowns, à constituer des variétés nouvelles dont fait partie celle de Suffolk.

Une des plus sauvages parmi ces anciennes variétés, c'est celle qui habite les îles Hébrides, les Orcades, et surtout les Shetland. Aux îles Shetland, ces moutons sont de petite taille, mais très rustiques. Ils vivent presque à l'état sauvage. Habitués aux orages et aux tempêtes, ils ont encore à redouter d'autres dangers. La nourriture de leurs rochers arides étant insuffisante, ils descendent au bord de la mer pour y brouter le varech. Souvent ils sont surpris par la marée montante et noyés par le flot. Ou bien, dans leurs efforts pour gravir les roches abruptes, ils retombent épuisés et se noient. Quelquefois, ils sont enfermés par la marée montante dans des criques plus ou moins étroites, et ils y restent prisonniers d'une marée à l'autre. Faute d'aliments, on leur fait parfois sécher du poisson sur les rochers du rivage, et ils s'en nourrissent très volontiers.

Toute la peau est couverte d'un poil assez rude. Il s'y mêle une assez grande quantité de laine, qui tombe au commencement de l'été et qui repousse à l'approche de l'hiver pour former aux animaux une épaisse fourrure contre le froid.

Les habitants du pays ont l'habitude d'arracher la laine au moment où elle va tomber. Cette laine est douce et fine, et sert à faire des bas et de la flanelle.

Dans les montagnes d'Écosse, depuis le détroit de Pentland jusqu'à la frontière du Sud et dans tout le nord de l'Angleterre, on trouve une autre variété : la *race des bruyères, à tête noire*. Cette variété a des cornes. C'est la plus robuste et la plus vigoureuse de toutes les populations ovines de l'Angleterre. La face et les pattes sont colorées en brun. La toison, mélangée de poils et de laine, est grossière. En outre,

Librairie Agricole de la Maison Rustique

Bélier et brebis Suffolk.

elle perd de sa valeur par suite d'une habitude singulière, qui consiste à frotter la peau des moutons, à l'approche de l'hiver avec un mélange de beurre et de goudron qui les préserve très efficacement, dit-on, des maladies cutanées et des injures du temps.

Leur rusticité est extrême. Ils bravent les ouragans et les tempêtes, si intenses dans les montagnes de l'Écosse. Ils broutent les bruyères et les plantes des hauts sommets; et leur viande y acquiert un goût de gibier très marqué, une saveur de venaison accentuée. C'est, d'après l'Écossais David Low, le mouton le plus consommé dans toutes les grandes villes d'Écosse. A trois ans, ces animaux sont amenés en grand nombre dans les pâtures du Sud, afin d'y être engraissés pour les marchés anglais.

Enfin, on trouvait autrefois, dans le Norfolk, le Suffolk et le Cambridge, une race de moutons ayant beaucoup de ressemblance avec la race des bruyères à tête noire (*Black-Faced*). Race sauvage et rustique, où les deux sexes sont pourvus de cornes, elle avait le corps ample, les membres longs et vigoureux, la toison tassée, à brins de moyenne longueur, la laine douce et propre à la carde, assez analogue à celle du Southdown. De tout temps, leur viande a été fort estimée des bouchers, en raison de sa saveur toute particulière.

Longtemps, ces moutons ont constitué la race dominante du Norfolk et du Suffolk; mais, par suite de l'extension des améliorations agricoles, ils se sont trouvés relégués dans les régions élevées, et ont été remplacés ailleurs par des croisements divers, surtout avec la race de Southdown. La race de Norfolk pure, très rare aujourd'hui, est destinée sans doute à disparaître complètement.

Actuellement, la race qui la remplace dans son ancienne aire géographique est la race de Suffolk, dont nous offrons à nos lecteurs un remarquable spécimen. Dès le commencement de ce siècle, il existait une « race de Suffolk », qui avait été obtenue par le croisement de brebis appartenant à l'ancienne race de Norfolk, *armées de cornes*, avec des béliers Southdown améliorés. La première description que l'on possède de cette race est due à Arthur Young, qui en a fait un tableau complet dans son ouvrage intitulé : « *General View of the Agriculture, of the County of Suffolk* », publié en 1797. Il vante les qualités de la viande et de la laine, et tous les autres mérites de la race, et il ajoute : « Comme les plus fameux troupeaux sont autour de Bury-Saint-Edmunds[1], c'est avec raison qu'on a désigné ces animaux sous le nom de *race de Suffolk*. » On notait déjà dans cette race la réunion des qualités des deux races composantes : les formes améliorées du Southdown, avec la disparition des cornes, la rusticité du Norfolk et la saveur si spéciale de sa viande.

De 1800 à 1850, les croisements entre Southdown et Norfolk sont devenus d'une pratique générale. Il existe des troupeaux dont l'origine remonte à 1810, et qui, depuis, ont été reproduits dans toute leur pureté, sans introduction de sang

1. Bury-Saint-Edmunds, jadis Beodrik-Worth, ville d'Angleterre (Suffolk), à 90 kilomètres N.-E. de Londres, 15.000 habitants. Grand commerce de laines. La ville doit son nom actuel à une abbaye fondée en 633, autour de laquelle elle se forma, et dans laquelle fut transporté en 903 le corps du roi saint Edmond, tué par les Danois en 870.

étranger. Il est donc permis de considérer cette race comme fixée et bien distincte des autres races à tête noire de l'Angleterre.

Celle dont elle se rapproche le plus est le Southdown; mais (d'après ses partisans) elle a sur le Southdown plusieurs supériorités : le corps d'un tiers plus large et plus long, une plus grande fécondité, une maturité plus précoce, une constitution robuste et même rustique, une viande sans égale.

L'attention des éleveurs étrangers a été attirée sur le Suffolk pour cette dernière raison surtout, et un grand nombre de béliers et de brebis ont été exportés en Autriche, en France, en Allemagne, en Russie, en Suisse, dans l'Amérique du Nord et du Sud, et dans les colonies.

Ce que font remarquer surtout les éleveurs de moutons de Suffolk, c'est le léger goût de gibier de leur chair, qui les recommande aux connaisseurs, et l'absence de la graisse en excès, qui les fait préférer par les consommateurs.

Il a été fondé, au printemps de 1886, une Société spéciale (*Suffolk Sheep Society*) destinée à conserver la pureté de la race et à la garantir aux acheteurs. Un livre généalogique a été établi à cet effet, comme pour les races chevalines et bovines.

La *Suffolk Sheep Society* a établi une échelle de points destinée à guider l'appréciation des juges dans l'examen du Suffolk; elle en recommande l'adoption aux diverses sociétés d'agriculture.

Voici ce tableau, qui donne en même temps les caractères adoptés officiellement pour distinguer le mouton Suffolk :

	Points.
Tête. — Sans cornes. Face noire et longue. Bouche assez fine, surtout chez les brebis. (Une petite quantité de laine d'un blanc pur sur le front n'est pas une incorrection.) Oreilles de moyenne longueur, noires, de texture délicate. Yeux grands, clairs et brillants	25
Cou. — Bien attaché, de longueur moyenne	5
Épaule. — Large, inclinée	5
Poitrine. — Ample et profonde	5
Dos et reins. — Longs, plats, bien couverts de muscles. Queue large, attachée haut. Cuisse épaisse et bien descendue	20
Jambes et pieds. — Droits et noirs, avec un squelette mince et fin. Couverts de laine au niveau du genou et du jarret. Jambes de devant bien écartées. Jambes de derrière bien remplies de viande	20
Ventre (*et scrotum chez les béliers*). — Bien couvert de laine.	5
Toison. — Serrée, à brins fins, de moyenne longueur, brillants, sans tendance à s'emmêler ensemble et à se feutrer en nattes	10
Peau. — Fine et souple	5
Total	100

Les moutons Suffolk les plus remarquables se distinguent par leur goût de venaison, par l'absence de la graisse si commune dans les autres variétés, par l'amélioration notable de la laine. Ils sont l'objet d'une catégorie spéciale dans les concours agricoles de l'Angleterre et remportent généralement des prix auxquels sont affectées des sommes importantes.

LES RACES PORCINES

LES RACES PORCINES

INTRODUCTION

Lorsqu'on se trouve pour la première fois en face d'une collection de bêtes porcines et que l'on cherche à reconnaître les diverses races que l'on a sous les yeux, d'après les indications du catalogue, on éprouve un grand étonnement et un grand embarras. C'est qu'il n'y a pas moins de *vingt races porcines* d'après certains auteurs; mais lorsqu'on veut commencer leur étude, on s'effraie justement à l'idée avouée par les éleveurs, que ces races, pour la plupart, ne sont pas encore fixées. La vérité, c'est que ces « *races* » n'en sont pas.

Et ici nous ne pouvons mieux faire que de citer l'opinion émise à ce sujet par Sanson dans son *Traité de zootechnie :* « La fixité des caractères typiques étant, dans toutes les espèces, le critérium même de la *race*, on se demande en vertu de quelles notions confuses le nom de *race* peut être donné à un groupe d'individus dont les caractères ne sont pas encore fixés. »

En réalité, toutes ces prétendues races ne sont que des populations métisses, en variation désordonnée, résultant du mélange de *trois types purs*, de trois *races* véritables, dont les caractères sont très nets et très précis. De ces trois races, il en est deux qui habitent l'Europe de temps immémorial : Sanson les a désignées sous le nom de *race Celtique* et *race Ibérique*. La troisième, en raison de son pays d'origine, a reçu le nom de *race Asiatique*.

La race *Celtique* est *brachycéphale*, c'est-à-dire que la distance entre la base des deux oreilles est beaucoup plus considérable que la distance de la base de l'oreille à l'angle externe de l'œil. Cette conformation s'accuse immédiatement aux regards par la largeur du front et de la face. La face est longue, le chanfrein forme un angle obtus à la racine du nez. Enfin, les oreilles sont élargies et tombantes de chaque côté de la face, et elles cachent complètement les yeux.

Ajoutons que le cou est long et mince, le corps très allongé, le dos voussé, étroit, tranchant, les membres longs, la taille grande. Les soies sont grossières, abondantes, d'un blanc

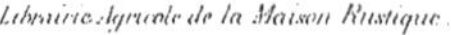

Librairie Agricole de la Maison Rustique.

Porc normand

jaunâtre ou rougeâtre. La peau est rosée, toujours dépourvue de pigment.

Les animaux de cette race font plus de chair que de graisse, et leur chair est savoureuse. Leur lard est ferme, s'imprègne facilement de sel et se conserve bien. Les femelles sont très prolifiques. Le nombre de leurs petits, qui est égal à celui de leurs mamelles, dépasse souvent douze, et peut aller jusqu'à seize ou dix-huit et même au delà.

Les principales variétés françaises de la race celtique sont la *Craonnaise* (ou *Mancelle*, ou *Angevine*), la plus remarquable de toutes; la *Normande* (ou *Augeronne*, ou *Cotentine*), qui suit de près la variété précédente et l'égale bien souvent; la *Bretonne*, qui vient beaucoup plus loin, parce que dans son ensemble, elle laisse beaucoup à désirer sous le rapport de la conformation.

La race *Ibérique* se distingue d'abord de la race *Celtique* en ce qu'elle est *dolichocéphale*, c'est-à-dire que la distance entre la base de l'oreille et l'angle externe de l'œil est plus considérable que la distance entre les deux oreilles. Il en résulte une étroitesse marquée du front et de la face. La face est allongée, effilée; le profil du chanfrein, au lieu d'être coupé par un angle obtus, présente une courbure rentrante faiblement arquée. Enfin, les oreilles sont étroites, allongées, dirigées obliquement en avant, légèrement ascendantes, presque horizontales.

Le cou est court, de moyenne épaisseur. Le corps est de longueur moyenne, cylindrique, à ligne dorsale droite. Les membres sont relativement peu longs et fortement musclés. Les soies sont assez rares, toujours noires (ou tout au moins rousses ou grises). La peau est toujours fortement pigmentée.

Les animaux de cette race fabriquent plutôt de la chair que de la graisse, et leur chair a une saveur accentuée. Leurs jambons sont très estimés. Les femelles moins fécondes que celles de la race celtique ne font guère plus de huit à dix petits. Elles n'ont, en général, que dix mamelles.

La race *Asiatique* comme la race celtique se fait remarquer par la largeur du front et de la face. Mais la face est courte, et les os du nez s'unissent au frontal à angle presque droit. Il semble qu'un coup de hache ait taillé un front vertical sur un chanfrein horizontal. Enfin, les oreilles sont courtes, petites, dressées. Le cou est court et épais, formant poche ou besace. Presque aussi saillant en bas que le front en haut, il donne à la tête l'aspect d'une boule sur laquelle on aurait planté le groin tronqué qui la termine. Le corps est court, de forme cylindrique; les membres sont courts et peu volumineux, et la taille est toujours petite. Les soies sont peu abondantes, souvent même rares. Leur couleur est variable, tantôt blanche tantôt noire, tantôt rousse, de teinte uniforme ou de teintes variées. La peau n'est pas toujours pigmentée; pourtant, elle l'est le plus souvent chez les sujets purs.

Les animaux de cette race ont une aptitude digestive portée au plus haut degré. Ils sont très précoces. Mais ils fabriquent surtout de la graisse, et leur chair est fade.

***

De tous les animaux de la ferme, le porc est celui qui utilise le mieux les aliments; c'est une merveilleuse machine à fabriquer la viande.

La viande de porc a eu des destinées diverses en Asie. Tandis qu'elle a fait, de temps immémorial, les délices des Chinois, elle était en horreur aux Égyptiens; Moïse la défendait aux Hébreux, comme donnant la lèpre; et Mahomet la proscrivait également à ses disciples.

En Europe, le porc semble avoir, de tout temps, réuni des partisans nombreux. Les Grecs, les Romains, les Gaulois l'avaient en grande estime. Athénée, l'historien des repas grecs, ne trace le récit d'aucun festin sans y faire figurer les andouilles, les saucisses, la hure, les pieds de cochon, les côtelettes, les cochons de lait rôtis, et surtout les jambons salés et fumés qu'il nomme par excellence « l'honneur des festins et les délices du genre humain ». Souvent, on servait dans un plat d'or un porc entier, farci d'oiseaux de toutes sortes, de chair à saucisse, de jaunes d'œufs, d'huîtres et d'autres coquillages. C'est ce qu'on appelait le *porc troyen*, par allusion au cheval de Troye, farci de guerriers grecs.

Les Grecs avaient d'ailleurs des cuisiniers très habiles à déguiser le goût de la chair des porcs, et à lui donner celui du gibier, de la volaille, du poisson, etc. Plutarque compte jusqu'à cinquante goûts différents qu'on pouvait donner de la sorte à la chair du porc.

Les Romains aimaient beaucoup aussi le porc troyen; mais ce qu'ils préféraient par-dessus tout, c'étaient les jambons, qu'on servait soit au début du repas pour exciter l'appétit, soit à la fin pour le ranimer. Rappelons que les meilleurs jambons venaient des Gaules, des régions qui fournissent aujourd'hui le jambon de Bayonne et celui de Mayence.

Ajoutons enfin que, dans les lois romaines concernant le commerce des bestiaux, il n'a d'abord été question que des porcs : les autres boucheries ne sont venues qu'après.

En France, les bouchers vendirent d'abord toutes les chairs crues, y compris le porc et le lard salé. Au moyen âge, des industriels eurent idée d'avoir toujours des vivres prêts, de la *chair cuite*, pour ceux qui ne pouvaient pas faire de cuisine chez eux et qui n'avaient pas le moyen de faire une grosse dépense. Ces industriels, désignés sous le nom de *chaircuitiers*, et reconnus en communauté par une décision du prévôt de Paris, en date du 17 janvier 1745, donnèrent la préférence à la chair de porc, à cause de son abondance et de son prix moins élevé. Le *chaircuiterie* comprenait d'ailleurs beaucoup d'autres préparations que celles de la viande de porc; et aujourd'hui encore, on y trouve une foule d'aliments empruntés à d'autres animaux, telle que le veau piqué, la langue de veau, la langue de bœuf, la galantine de volaille (dinde, poulet), la galantine de gibier (perdreau, faisan), le pâté de lièvre, le pâté de foie gras (d'oie, de canard), le saucisson de foie gras, etc. Mais le nom de charcuterie entraîne toujours l'idée de la viande de porc, frais ou salé, cuit ou cru.

Le jambon est la partie la plus estimée, en raison de la qualité et de la finesse de sa chair. L'épaule a moins de valeur, parce que sa viande est de moins bonne qualité : on l'utilise surtout pour faire les jambonneaux. Le filet de porc frais, justement recherché, est taillé dans la longe de derrière; la longe de devant fournit de bons carrés de porc frais et d'excellentes côtelettes. La partie supérieure de la poitrine sert à préparer les côtes à saler ou le *petit salé*, morceaux de qualité ordinaire, mais supérieurs aux parties fournies par le cou ou le ventre. La tête et le cou servent à faire le fromage de cochon ; le ventre donne une viande à saler de qualité toujours inférieure.

On consomme le porc soit à l'état frais, soit à l'état de salaison. Il importe d'établir cette distinction dans l'étude des effets hygiéniques de cet aliment.

En règle générale, on peut poser ce principe, que les meilleures préparations sont les plus simples, et que les morceaux entiers sont toujours préférables aux morceaux hachés (saucisses, hachis).

L'examen de la viande à l'étal permet immédiatement d'éliminer la chair de la truie ou du verrat, bien inférieure à celle du cochon émasculé.

Le cochon a la viande rose, à grain plus serré que la viande de veau. Sa graisse extérieure (lard) est onctueuse, tandis que chez le veau elle est rare et sèche.

La truie a la chair brune, flasque ; sa viande est sans saveur, et n'est guère utilisable que pour le hachage.

Le verrat a la chair d'un brun violacé, compacte comme celle du taureau. Le lard est souvent *routé* (atteint de *sclérodermie*), et inutilisable en raison de son extrême dureté.

La viande de porc frais, rôtie ou grillée, est généralement regardée comme « succulente » et de saveur accentuée (surtout celle des porcs engraissés au maïs). Mais, en raison de la graisse qu'elle contient ordinairement en abondance, elle est considérée comme étant d'une digestion plus difficile que la viande de bœuf ou de mouton.

Voilà pour la viande fraîche de porc. Quant au porc salé, il a ses avantages et aussi ses inconvénients.

La salaison permet de conserver cette viande très longtemps : en outre elle la rend plus savoureuse que la viande fraîche et plus facile à digérer. C'est ce qui explique qu'elle puisse souvent être servie aux malades qui digèrent mieux une tranche de jambon que d'autres aliments réputés plus légers.

En outre, la salaison détruit les germes des parasites, comme ceux de la ladrerie et de la trichinose. La salaison est donc utile. Mais l'usage du porc salé a les mêmes inconvénients que le porc frais, à un degré plus accentué : irritation de la peau, irritation digestive (maux d'estomac), et même le scorbut (assez fréquent dans la marine par l'usage exclusif des viandes salées). Il faut donc en éviter l'abus et surtout prendre garde aux altérations des salaisons trop anciennes ou mal conservées.

RACE CRAONNAISE

La race porcine Craonnaise tire son nom de celui de la petite ville de Craon, dans le département de la Mayenne, aux environs de laquelle elle atteint son plus grand développement, car elle y est l'objet de soins très attentifs. La ville de Craon est située tout à fait au sud du département de la Mayenne, dans l'arrondissement de Château-Gontier, dans l'Anjou par conséquent. Craon a donné son nom à deux familles illustres dans l'histoire de France. C'était le siège d'une baronnie dont le seigneur prenait le titre de *premier baron d'Anjou.* Aujourd'hui, la célébrité de Craon est due surtout à sa race porcine.

La race Craonnaise appartient au type Celtique, qui peuple, entre autres régions, tout l'ouest de la France. C'est par excellence le champion des cochons français, tandis que la race Ibérique et surtout l'Asiatique ont obtenu la préférence de nos voisins d'outre-Manche, et constituent à peu près l'unique population des cochons anglais. Or, les cochons français l'emportent sur les cochons anglais par tous les points, et rien n'est plus facile que de s'en rendre compte.

Les cochons ont besoin d'avoir un squelette suffisamment robuste pour faire de longues marches; car l'exercice est aussi nécessaire aux cochons qu'aux hommes : chez les uns comme chez les autres, il favorise la digestion, développe les muscles et empêche l'accumulation de la graisse en excès. L'excès de graisse déprécie toujours la marchandise, d'autant plus que c'est un obstacle à la salaison de la viande, et que, de plus, le lard perd toujours en consistance ce qu'il gagne en abondance. Ces morceaux de lard rancissent souvent; en tous cas, ils fondent à la cuisson et ne laissent qu'un résidu insignifiant à la ménagère désappointée. Or, sous tous ces rapports, la race Celtique occupe le premier rang, et obtient toujours, sur les marchés, un prix supérieur, par kilogramme, à celui des races rivales, et surtout des races anglaises, qui pèchent par défaut de squelette et de muscles, et par excès de graisse.

Mais ce n'est pas tout. Un des produits les plus importants de l'industrie porcine, c'est la vente des cochons de lait. Les truies de race Celtique sont les plus fécondes de toutes. On ne peut pas (dit Sanson) admettre qu'une truie suffisamment prolifique produise moins de vingt go-

Librairie Agricole de la Maison Rustique.

Ch. de Pre... pinx[t] — Chromolith. G. Severeyns Bruxelles.

Verrat craonnais,

rets par année. La valeur de ces gorets, au moment de leur sevrage, varie beaucoup selon les circonstances commerciales; mais elle ne descend guère, dans les plus bas cours, au-dessous de 10 francs par tête, et elle atteint souvent jusqu'à 25 francs. Si l'on admet une moyenne de 15 francs pour cette valeur, on a, avec 20 gorets, un produit brut total de 300 francs par année. Or, la valeur moyenne d'une jeune truie pouvant être tout de suite livrée à la reproduction, par conséquent âgée d'environ huit mois, ne dépasse pas 80 à 100 francs. Voilà donc un capital qui produit 300 pour 100, c'est-à-dire 100 fois plus que ne rapporte la Rente française actuellement. Aussi cet élevage est-il la principale ressource des petits cultivateurs, qui paient souvent tous leurs fermages rien qu'avec le produit de la vente de leurs cochons de lait, quand l'année n'est pas défavorable à la production des pommes de terre.

Mais ces porcelets n'ont pas le même succès lorsqu'ils appartiennent à ces races anglaises qui méritent si bien le nom de Boules-de-Suif. Écoutons là-dessus un éleveur des plus éminents, le docteur Noblet; de Château-Renard (Loiret) : « Qu'est-ce donc que ces bêtes incomplètes, à ossature rudimentaire? Voyez ces petites. races, en un mot, qui sont, je l'admets, fort gentilles, très séduisantes par l'ensemble de leur conformation, mais chez lesquelles on ne trouve qu'une apparence de viande, perdue dans une masse de tissus adipeux, absolument incomestibles. Ce n'est pas là le seul inconvénient, il en est un autre aussi grave : *celui de ne pouvoir vendre dans les marchés les porcelets qui en dérivent, même à un prix ridicule!*

Nous avons vu plus haut que la race porcine Craonnaise se rencontre dans le département de la Mayenne. Elle est encore désignée sous le nom de race *Mancelle* ou *Angevine,* parce qu'elle occupe surtout les anciennes provinces du Maine et de l'Anjou. Une des régions où cette race est l'objet des meilleures méthodes d'élevage, c'est, nous le répétons, l'arrondissement de Château-Gontier, dont la charcuterie est très renommée, à juste titre. Dans cet arrondissement, la petite ville de Craon se distingue par les soins spéciaux qu'elle donne à l'élevage de ses cochons, ce qui fait que les variétés les plus améliorées portent généralement son nom, et que l'étiquette de *race Craonnaise* passe avec raison pour le meilleur pavillon qui puisse couvrir la marchandise.

La race Craonnaise, avons-nous dit, se rattache au groupe que Sanson a désigné sous le nom de *Celtique.*

Nous rappelons que la race Celtique, ainsi nommée parce qu'elle habitait autrefois la Gaule Celtique, est caractérisée par les signes suivants, largeur du front et de la face ; chanfrein formant un angle obtus ; oreilles élargies et tombantes de chaque côté de la face, et cachant complètement les yeux. Les animaux de cette race font plus de chair que de graisse et leur chair est savoureuse.

Il y a longtemps que cette race est renommée. Car les porcs gaulois étaient très estimés de ce peuple fameux auquel Virgile reconnaissait, comme caractère principal, sa domination sur le reste du monde. La Rome ancienne, qui cherchait partout les mets les plus succulents, qui demandait à l'Asie les oiseaux du Phase (appelés depuis les *faisans*), qui faisait venir d'Afrique les flamands ou phénicoptères, pour faire des plats avec leurs langues, qui perçait des montagnes pour amener dans ses viviers la Méditerranée avec ses poissons, Rome demandait à la Gaule sa provision de viande de porc. Pausanias parle des puissantes expéditions de porcs provenant des forêts du Jura, de la Côte-d'Or et des Vosges, et qui descendaient vers la Méditerranée par la Saône et le Rhône. La grande querelle des Éduens et des Séquaniens, qui amena les Romains dans le pays, eut pour origine un droit de péage sur les porcs. Les porcs de la Gaule venaient en grandes troupes à Rome des régions les plus éloignées, correspondant aux régions actuelles de Boulogne, de Calais, de Mayence. Plusieurs témoignages démontrent que les jambons du bassin de la Seine étaient recherchés jusqu'en Grèce.

Les îles Britanniques, que les Romains regardaient comme reléguées hors du monde (*toto remotos orbe Britannos*), avaient alors des cochons de la race Celtique. Ils y régnèrent seuls jusqu'au dernier siècle. A ce moment, l'illustre Bakewell, à jamais célèbre pour sa création de la race ovine de Dishley, tenta les premiers essais de croisement avec les animaux de la race porcine Asiatique, à chanfrein tronqué, à oreilles dressées, doués d'une grande aptitude digestive, très précoces, mais fabriquant surtout de la graisse, et ayant une chair de saveur fade.

Au commencement de ce siècle, lord Western ramena d'Italie des sujets de la race porcine Ibérique (variété napolitaine), à chair meilleure que les Asiatiques, à oreilles également dressées, ou tout au moins horizontales; et les croisements se multiplièrent avec les races anglaises, déjà fortement croisées par les mélanges avec le sang Asiatique.

Dès lors, les Anglais s'étudièrent à perpétuer les races porcines aux oreilles verticales ou horizontales et à éliminer toutes celles qui avaient les oreilles tombantes. Voilà comment la caractéristique des cochons anglais, ce sont les oreilles droites, tandis que celle des cochons français, ce sont les oreilles pendantes.

Et c'est la seule différence extérieure, car longtemps on admettait que la bonne conformation, le développement précoce, la réduction du squelette, étaient un apanage des races anglaises. Aujourd'hui, les races françaises ne leur sont guère inférieures sous ce rapport, et elles leur sont supérieures sous beaucoup d'autres.

Il y a deux points spécialement (on ne saurait trop le répéter), pour lesquels les races françaises l'emportent nettement sur les races anglaises : la viande et la production des jeunes.

Lorsqu'on mange le porc frais, lorsqu'on tient à une production rapide et abondante de graisse, les races anglaises peuvent convenir au charcutier. Et encore, les consommateurs ne tiennent pas toujours à l'excès de graisse dans la viande. Mais lorsqu'on veut conserver le porc à l'état de salaison, alors les races françaises ont un mérite sans égal. La viande est abondante et savoureuse, le lard est ferme et prend bien le sel; et, dans le pot-au-feu, il n'y a pas de déchet; on retrouve bien, à l'état cuit, le morceau que l'on y a mis et qui n'a rien perdu de son volume. Les races anglaises, au contraire, ont plus de graisse que de viande; leur lard est mou, prend mal le sel, se conserve difficilement, tend à rancir et fond dans le pot-au-feu : là où l'on avait mis un œuf, on retrouve une noisette.

Truie craonnaise.

Quant aux jeunes, les races françaises, plus prolifiques, en ont un plus grand nombre, ce qui augmente le bénéfice, même pour conduire ces jeunes animaux jusqu'à l'âge adulte. Mais en outre, les cochons de lait sont un aliment très recherché lorsqu'ils proviennent des races françaises, et absolument rebuté lorsqu'ils proviennent des races anglaises. Il n'y a donc aucune raison pour que nous renoncions à l'élevage de nos compatriotes en faveur des étrangers.

Un dernier argument permet de trancher définitivement le débat en faveur des races françaises : elles font prime sur tous les marchés aux bestiaux. Or, si on les paie plus cher, c'est qu'elles sont meilleures. Car les charcutiers seraient sans excuse s'ils n'étaient pas guidés par cette unique considération.

Or, de toutes ces races françaises, la Craonnaise occupe incontestablement le premier rang. Au point d'amélioration où ces animaux en sont arrivés, personne ne peut exiger d'eux une meilleure conformation.

On retrouvera, dans les portraits que nous publions, le grand volume de la race Craonnaise, la longueur et l'épaisseur du corps, la côte ronde, le dos large, la tête moyenne à chanfrein court, les oreilles pendantes avec leur forme typique, les jambes de moyenne longueur, bien garnies de muscles, la peau blanche et fine, les soies rares et courtes. Il ne faut pas chercher là le type et les formes bouffies du cochon gras. Ce sont des reproducteurs ; la graisse leur nuirait plus qu'elle ne les servirait.

RACE NORMANDE

La race porcine Normande n'a pas toujours été distincte de ses voisines comme elle l'est aujourd'hui. Confondue autrefois avec toute la population de même espèce qui habitait la Gaule, elle en partageait les mœurs et le mode d'existence.

Elle parcourait les forêts où les druides, armés d'une faucille d'or, cueillaient dans la nuit du nouvel an le gui sacré et offraient des victimes humaines à Teutatès. Elle fabriquait de la viande pour les palais comme pour les chaumières, pour les abbayes comme pour les châteaux. Protégée par les rois et les législateurs, elle était mêlée intimement à la vie sociale, et parfois même elle portait au loin, à Rome par exemple, la renommée du pays natal. A cette époque, on ne distinguait guère de races, et l'on attachait surtout de l'importance au mode d'élevage.

L'élevage en forêt était considéré comme préférable à l'élevage en stabulation permanente. Dans les anciens marchés publics, une ordonnance spéciale prescrivait aux marchands de diviser les porcs en deux bandes :

1° Ceux qui ont été à la glandée, et qui ont été nourris de glands, de faines (fruit du hêtre), et de châtaignes, dont la chair est meilleure et le lard plus ferme;

2° Ceux qui ont été nourris de grains à l'étable (avec de l'orge, des fèves, des menus grains, du son, etc.), dont la chair est moins bonne et le lard moins ferme.

Cette préférence était due sans doute aux bons effets de l'exercice sur le développement du système musculaire, et à la vie au grand air, car sous les premiers rois de France, les porcs passaient souvent les nuits dans les forêts pendant la saison du gland; et cela tentait parfois la cupidité des larrons, comme le prouve le chapitre II de la Loi Salique (*De furtis porcorum*), qui ne contient pas moins de dix-neuf articles contre le vol des cochons vivant dans les forêts.

Les porcs gaulois étaient devenus si bons marcheurs, qu'on leur faisait faire souvent le voyage de Rome, voyage sans retour, car la chair de ces animaux faisait les délices des Romains.

Les avantages de l'exercice musculaire sur la qualité de la chair trouvent leur démonstration et leur contre-partie dans l'infériorité de la race Asiatique sous ce rapport. « Le véritable

Librairie Agricole de la Maison Rustique.

Verrat de race normande

cochon de Chine, dit Brehm, est un nain, qui a beaucoup de tendance à engraisser. Les Chinois l'élèvent sur une vaste échelle. Pour l'engraisser, ils veillent à ce qu'il ne se donne pas de mouvement; aussi, pour les transporter d'un lieu à un autre, portent-ils ces animaux sur une sorte de civière. Les Européens déclarent que la chair des cochons chinois tués en Chine n'est pas mangeable. »

Voilà la race que Bakewell a choisie, vers la fin du XVIIIe siècle, pour améliorer la race anglaise de cette époque, qui n'était autre que notre race de l'ouest de la France. Ainsi furent créées, par lui et par ses imitateurs, ces nombreuses populations métisses, devenues le point de départ de nouveaux croisements multipliés et remaniés à l'infini.

Les partisans de ces croisements faisaient valoir les raisons suivantes :

1° amélioration de la conformation;

2° développement hâtif ou précocité;

3° facilité à prendre la graisse.

Les adversaires de ces croisements y opposaient de sérieuses objections, trois surtout :

1° la médiocre qualité de la viande et la diminution de son volume à la cuisson;

2° la disposition moindre de la chair et du lard à prendre le sel et à faire des conserves;

3° la fécondité moindre des mères et l'infériorité de leurs produits à la vente sur les marchés.

Voilà pourquoi les éleveurs de l'Ouest de la France ont résisté à l'infusion du sang étranger. Ils ont prouvé que les qualités de perfectionnement, tant vantées chez les métis anglais, pouvaient être obtenues par les seules méthodes zootechniques, sans altération du type de la race ni de ces qualités fondamentales et héréditaires. Ainsi se sont formées des variétés améliorées de la race Celtique qui occupent aujourd'hui un rang distingué dans l'estime publique.

Les principales de ces variétés, désignées communément sous le nom de races, sont les suivantes : *Craonnaise*, Angevine, *Mancelle*, Poitevine, Vendéenne, Angoumoise, *Normande*, Augeronne), Cotentine, Cauchoise, Alençonnaise, de Nonant, et la *Bretonne*, la moins améliorée de toutes.

D'une façon générale, on admet que les cochons de la Normandie sont, dans leur ensemble, moins bas sur jambes et un peu moins musclés que ceux du Maine et de l'Anjou. Leur ossature est aussi un peu plus grossière. C'est dans la vallée d'Auge que se trouvent les plus beaux individus, les plus améliorés, les plus précoces. Cette supériorité tient à une cause fort simple : c'est que, dans la vallée d'Auge, tous les animaux sont plus abondamment nourris que partout ailleurs en Normandie.

Dans certaines régions de la Normandie, on a suivi longtemps une très singulière routine.

On sait qu'il existe chez le porc une conformation particulière du *groin*, dénommé encore *boutoir*. C'est le nom vulgaire du nez prolongé, tronqué au bout et mobile, dans l'intérieur duquel se trouve un osselet, appelé *os du boutoir*, qui lui donne de la solidité et le rend propre à fouiller la terre. C'est une faculté dont le porc use et abuse. Dans les anciennes coutumes de la France, le pâturage des porcs n'était permis qu'en forêt (moyennant certaines restrictions qu'il serait trop long d'énumérer); mais il était défendu dans les prairies en toutes saisons, parce que, disait-on, les porcs peuvent ainsi déraciner les herbes et faire périr les prairies.

Cette habitude du porc, aussi ancienne que l'existence même de l'animal, avait inspiré une idée bizarre dont Plutarque s'est fait l'écho : c'est que c'était le porc qui, par cette opération, avait enseigné à l'homme l'art du labourage.

Or, dans la Basse-Normandie, on a souvent utilisé cette disposition naturelle de l'animal. On place alors, dans les vergers pleins de pommiers à cidre, de jeunes cochons qui se nourrissent des pommes véreuses et tombées avant leur maturité. Obéissant à leur instinct, ils fouillent le terrain tout autour des arbres, qu'ils rafraîchissent (dit-on) de cette façon, ce qui leur a valu le nom de *petits cultivateurs*.

On raconte qu'aux États-Unis, pour économiser les frais de la main-d'œuvre, on divise les champs de pommes de terre en compartiments successifs, où l'on met les porcs avec une auge pleine d'eau claire. Ils fouillent avec leur boutoir et ne laissent pas échapper le moindre tubercule. Lorsqu'ils ont fini dans un compartiment, on les installe dans le suivant avec l'auge contenant leur boisson.

On épargne ainsi les frais de récolte et ceux de la préparation des terres.

Cette faculté de fouiller la terre est encore utilisée dans diverses circonstances, et notamment pour la recherche des truffes. Mais c'est là, chez l'espèce porcine, une fonction économique tout à fait accessoire, primée par la production de la chair pour l'alimentation.

Il est facile, d'ailleurs, d'empêcher les porcs de fouiller le sol au moyen d'une armature dont on garnit le groin. Dans bien des pays, dit Binion, on introduit dans l'épaisseur de cet organe deux clous acérés de fer à cheval, la tête en haut et la pointe en avant, puis on recourbe la pointe du côté du groin, de telle sorte que si l'animal veut fouiller, il éprouve des piqûres qui le font bientôt renoncer à cette habitude.

Chez les porcs Normands, la qualité de la chair est moins fine, moins savoureuse que chez les Craonnais. Le lard est moins ferme et se sale moins bien, surtout chez ceux de la vallée d'Auge (Sanson).

En revanche, les truies normandes sont très fécondes. Elles ont perpétué la renommée très ancienne de cette espèce. En effet, le porc était, chez les Grecs et chez les Romains, l'emblème de la fécondité. Autrefois, les rois et les grands personnages immolaient, le jour de leurs noces, deux porcs, l'un pour l'époux, l'autre pour l'épouse. Le maréchal de Vauban, dans les réflexions qu'il a laissées sous le nom d'*Oisivetés*, consacre à cette question un travail spécial intitulé la *Cochonnerie*, où il établit qu'en limitant simplement à six gorets le produit d'une portée, la production d'une truie en dix années donnerait plus de six millions et demi de porcs. La progression qu'il établit ensuite arrive à des chiffres tellement formidables, que la terre ne serait bientôt plus peuplée que de cochons, si les charcutiers ne mettaient bon ordre à cette invasion.

En raison de cette fécondité, l'industrie de la production des gorets est très répandue en Normandie et donne lieu à un commerce considérable, non seulement pour les petits ménages de la Normandie, mais encore pour tous les départe-

Librairie Agricole de la Maison Rustique

Truie normande.

ments voisins et notamment pour ceux des environs de Paris.

Dans toute cette population normande, il y a naturellement divers degrés d'amélioration dans la conformation, dans la précocité, dans la facilité d'engraissement. La réduction du squelette est généralement un indice très précis du degré d'amélioration. La tête est peut-être la partie la plus caractéristique sous ce rapport, et c'est elle que l'on doit examiner avant tout.

Les différences sont telles que, dans les animaux arriérés, la tête peut peser 20 kilogr. tandis que dans les animaux perfectionnés elle est réduite à 10 ou 12 kilogr. A cette réduction du squelette est liée une amélioration correspondante dans l'individu tout entier, en raison des corrélations fonctionnelles que comportent les méthodes zootechniques de perfectionnement.

On fait avec succès, dans la région de l'Ouest, des croisements entre les variétés Craonnaise et Mancelle qui remportent souvent les prix d'honneur au concours général d'animaux gras de Paris.

LA RACE LIMOUSINE

L'ancienne province du Limousin, occupée aujourd'hui par les départements de la Haute-Vienne et de la Corrèze, à cheval sur les deux bassins de la Loire et de la Gironde, est un pays très accidenté, sillonné de collines élevées, coupé de profondes vallées, arrosé par de nombreuses sources d'eaux vives. Au nord, les terres se rapprochent des terres argilo-siliceuses du Poitou : au sud, le sol a la constitution des terres calcaires du Périgord et du Quercy. Au centre, entre Saint-Yrieix et Tulle, les terres sont essentiellement siliceuses, alternativement entrecoupées de prairies et de bois de châtaigniers. Elles conviennent surtout à la culture du seigle, de la pomme de terre et du sarrasin. C'est dans cette partie du Limousin, vers les sources des affluents septentrionaux de la Dordogne, qu'on élève les porcs Limousins, dont l'alimentation repose en grande partie sur les cultures que nous venons de mentionner.

L'ancien Limousin était fort bien partagé sous le rapport des animaux domestiques : ses chevaux, ses bœufs, ses porcs, ses moutons, étaient justement renommés. On sait que la race chevaline du Limousin n'existe plus. « En 1815, lors du retour des émigrés, dit le docteur Escorne, la race chevaline Limousine, épuisée par les incessantes razzias qu'y faisait la remonte des écuries impériales et de l'armée, fut abandonnée pour insuffisance de précocité, et remplacée par les chevaux anglais, que la noblesse avait admirés dans leur pays. » Depuis lors, la race des chevaux Limousins a totalement disparu. Les éleveurs découragés ont renoncé à la production des animaux moteurs pour se consacrer à celle des animaux comestibles. Personne n'ignore à quel degré de perfection la race bovine de ce pays est parvenue ; la race porcine est en voie d'atteindre le même résultat, grâce à des efforts persévérants que nous signalerons en terminant.

Le porc Limousin se rattache au type *Ibérique* de Sanson. La tête est mince, conique, à chanfrein droit ou plutôt légèrement curviligne rentrant, mais ne formant jamais l'angle obtus de la race Celtique ou l'angle droit de la race Asiatique. Le museau est légèrement allongé; les oreilles de longueur moyenne, minces, étroites, ont une direction oblique : elles pointent en avant comme celles d'un cheval qui a peur. Elles sont couvertes de poils fins, courts et clairsemés.

Librairie Agricole de la Maison Rustique.

Verrat limousin.

Le cou est court, gros et bien attaché aux épaules avec lesquelles il se confond. La poitrine, profonde, est largement développée par des côtes longues et très relevées. Le rein est large et un peu arqué dans la jeunesse, mais il s'abaisse vite dans l'engraissement et devient très droit. La croupe, bien fournie, se termine par une queue mince, très mobile et tordue en vrille.

Le porc Limousin, tel qu'on l'observe aujourd'hui, est un animal de taille moyenne, aux formes trapues, aux jambes minces et nerveuses. Les cuisses, bien musclées, tombent presque sur le jarret. Les formes étaient moins correctes autrefois, avant l'amélioration de la race.

Les caractères du pelage sont ceux qui distinguent le mieux la race Limousine des races analogues. Ils méritent une mention spéciale, dont nous empruntons les détails à une intéressante notice du Dr Escorne.

Par son pelage, le porc Limousin appartient aux races pie-noires. Le tronc est blanc; les deux extrémités, la tête et la croupe, sont noires. Les deux grandes plaques noires qui recouvrent la tête et la croupe, ont reçu le nom d'*écussons*. La première part du cartilage du nez, du groin, et couvre toute la tête jusqu'à la nuque sans aucune marque blanche. Cependant le pourtour des narines est quelquefois auréolé d'un petit cercle blanc-rosé qui continue la muqueuse. Quant à l'autre plaque, elle couvre la croupe jusqu'à l'extrémité de la queue. Ces deux écussons, à peau noire sous poil noir, inégalement développés, sont à bords nettement tranchés, arrondis, colorés uniformément en noir, sans aucun mélange de poils blancs chez les sujets de race pure. La pénétration (totale ou partielle) d'un écusson par des poils blancs est un indice certain de croisement, une *barre de bâtardise*.

Parfois, l'écusson de la tête dépasse la nuque et va jusque sur les épaules. Parfois, celui de la croupe envahit une partie plus considérable de l'arrière-train. Mais ces deux écussons ne se rejoignent jamais; ils sont toujours séparés par une bande blanche plus ou moins large, qui fait le tour du tronc.

Quand les écussons sont petits, il n'est pas rare de les voir complétés en quelque sorte par d'autres écussons placés sur le dos ou sur les flancs. Ces écussons complémentaires (à peau noire sous poil noir) ne sont jamais d'une étendue inférieure à 10 centimètres de diamètre.

A côté de ces larges plaques des écussons, on observe sur les cochons du pays un autre genre de taches plus ou moins foncées, allant du gris clair au noir. Ces taches, qui sont rondes et habituellement à bords nets, ont été comparées à celles de la peau de la truite; on les appelle des *truitures*. Elles se distinguent des écussons par deux caractères : 1° elles mesurent au plus 5 à 6 centimètres de diamètre chacune (quoique parfois elles se confondent en de larges plaques grises sur le dos); 2° elles sont colorées par un pigment noir plus ou moins abondant, déposé dans l'épaisseur de la peau, mais le poil qui les recouvre reste toujours de couleur blanche.

La teinte très foncée de ces plaques et leur abaissement au voisinage des mamelles indiquent une aptitude spéciale à l'engraissement.

En outre de ces colorations de la peau, on caractérise encore la race porcine limousine par certaines directions des soies, dont deux types surtout méritent de fixer l'attention.

Si l'on voulait caresser un cochon Limousin dans le sens des soies, sans aller à rebrousse-poil, il faudrait passer la main du chanfrein à la nuque, et du milieu du dos à la nuque. La nuque est donc une région où les soies de la tête et celles du dos se rencontrent, se heurtent, se dressent les unes contre les autres en se mêlant; en ce point, elles forment perpendiculairement à la peau une espèce de collerette très apparente. Ce conflit des deux groupes de soies a reçu le nom de *reboulé*, du vieux mot français *bouler*, synonyme de *fouler* ou de *feutrer*. Le reboulé est toujours formé par des soies de deux couleurs, les noires en avant, les blanches en arrière. Il siège habituellement sur la nuque; mais on le rencontre aussi sur les épaules, sur le dos, et jusqu'auprès des hanches. Ce recul est un indice de croisements d'autant plus répétés, qu'il est plus éloigné de la nuque.

Enfin, on trouve encore un autre caractère des soies à la région postérieure du dos. Entre les hanches et la queue, se trouve un point où les soies tournent dans tous les sens, comme un tourbillon. Celles d'avant dirigent leur pointe vers la nuque; celles d'arrière sont couchées, la pointe vers la queue jusqu'à l'extrémité de cet organe; enfin, celles des côtés s'inclinent sur les deux hanches. Cette disposition des soies qui tournent ou *virent* de tous les côtés s'appelle la *virade*. On trouve très rarement la virade en avant des hanches.

Tels sont les caractères du cochon Limousin, connu encore sous le nom de *race de Saint-Yrieix*. Ce n'est pas la seule race que l'on trouve dans le Limousin; car on y rencontre encore : sur les confins de la Dordogne, des *Périgourdins*, dont le chanfrein et les oreilles indiquent un croisement avec la race Celtique; dans le nord et dans l'ouest (c'est-à-dire dans les pays qui confinent à la Vienne et à la Charente) des *Poitevins* (ou *Peytavis*), qui sont de véritables Celtiques, dérivés du Craonnais; un peu partout, des *Yorkshires* croisés avec ces diverses races, trahissant leur descendance de la race Asiatique par leur nez cassé comme celui d'un boule-dogue et leurs oreilles petites et verticales. Mais tous ces animaux appartiennent à des races étrangères ou sont des produits de croisement.

Le porc Limousin, qu'on trouve dans la Haute-Vienne et la Corrèze, entre Saint-Yrieix et Tulle, se recommande par des qualités spéciales, que M. le docteur Escorne a résumées dans les lignes suivantes, où il met cet animal en parallèle avec d'autres races renommées. « Le Craonnais, dit-il, donne de grandes quantités de viande et convient au pays où l'on fait la cuisine au beurre, où l'on veut beaucoup de viande et peu de lard, ainsi, du reste que les Yorskshire, recherchés pour leur grande précocité. Les Limousins ont comme qualité dominante une disposition remarquable à la production des parties grasses : lard et saindoux. C'est incontestablement la race qui donne la plus forte proportion de lard et de saindoux. » Le porc Limousin jouit d'une faveur exceptionnelle dans tous les pays vignobles du Midi, dans les bassins de la Gironde, de l'Aude, de l'Hérault et du Rhône, partout où l'on fait la cuisine à la graisse. Ce sont les marchands de ces contrées qui enlèvent les quatre cinquièmes des porcs menés aux foires de Saint-Yrieix et des environs.

L. Barillot pinxit. Léon Mège, Paris.

Truie limousine

Appartenant à M. Max Bonhomme, à St-Yrieix (Haute-Vienne). — Premier prix au Concours général agricole de Paris, en 1907.

L'aire géographique du porc Limousin se trouve au sud des collines du Limousin, sur ces terrains siliceux qui produisent en abondance les pommes de terre, le sarrasin et les châtaignes. On le trouve dans une zone assez étendue de l'ouest à l'est, depuis Saint-Yrieix jusqu'à Tulle : dans les cantons de Saint-Yrieix et de Nexon (Haute-Vienne); de Jumilhac et Lanouaille (Dordogne); de Lubersac, Juillac, Vigeois, Uzerche et Tulle (Corrèze). Mais c'est à Saint-Yrieix qu'on trouve les plus beaux spécimens et les foires les mieux approvisionnées de toute la région.

Chaque ferme ou métairie possède au moins une truie et souvent deux. Il est fréquent de trouver vingt à trente cochons, petits et gros, dans chaque domaine; ils y sont nourris et engraissés exclusivement avec les produits de cette exploitation. Ils y vivent de racines, de farines et de fruits. La châtaigne tient une place importante dans leur alimentation; et c'est à ce fruit que l'on attribue la saveur très appréciée de leur viande, la blancheur et la fermeté de leur lard.

Les reproducteurs (que l'on doit choisir parmi les animaux les mieux conformés) ne commencent leurs fonctions spéciales qu'à l'âge de huit à dix mois.

La moyenne des portées est de huit porcelets; mais ce chiffre va fréquemment jusqu'à douze. La mère les allaite pendant deux à trois mois.

Vient ensuite la période de la croissance. C'est par là que pèche surtout l'élevage Limousin. On pourrait, dit le docteur Escorne, appeler cette période la *période de misère*, car la nourriture est alors réellement insuffisante. Au printemps, après l'épuisement des racines, les gens de la ferme arcourent les landes et les taillis à la recherche des jeunes fougères et des asphodèles (*pourettes*), qu'on donne cuites à ces malheureux animaux. On ne les nourrit pas; suivant l'expression du pays, *on les sauve*, c'est-à-dire qu'on les empêche de mourir de faim; en effet, il arrive souvent, à la fin de cette période, qu'ils ont la peau collée sur les os. Il y aurait lieu de substituer à cette nourriture déplorable l'emploi des topinambours et des choux, qui viennent si bien dans le pays.

La troisième période, celle de l'engraissement, est mieux dirigée. A l'âge de douze à quinze mois, après la récolte des pommes de terre, vers la fin du mois de septembre, on procède à l'engraissement des cochons adultes. On les nourrit presque exclusivement avec des pommes de terre, du sarrasin, et des châtaignes cuites ou crues. Quelquefois, au début, on remplace les pommes de terre par des betteraves ou des carottes. Après quatre à cinq mois de ce régime, on vend les animaux en parfait état d'engraissement.

Le poids moyen atteint par ces animaux est de 150 kilogr. Mais il peut aller beaucoup au delà et dépasser 250 kilogr.; parfois même il arrive à 300 kilogr.

Le rendement en matière comestible est de 90 %, et le rendement en lard est de la moitié du poids total de la bête. Voici le rendement d'un animal de 200 kilogr. :

Lard	100 kilogr.
Pannes	7 k. 500
Viande	60 kilogr.
Tête et pieds	12 k. 500
Déchets (sang, intestin, poumon, cœur)	20 kilogr.
Total	200 kilogr.

La viande est d'un beau rouge, ferme, tendre, sans mélanges de plaques de lard, savoureuse, nutritive. Le lard (accumulé surtout sur les côtés du dos et d'une épaisseur de 15 à 18 centimètres) est d'un blanc de marbre, sans trace de vaisseaux ni de sang, compact, ferme et très fondant. Après la coupe, il ne laisse suinter aucun liquide et ne se réduit pas. En aucun point, on ne trouve trace de viande dans son épaisseur.

La vente moyenne des porcs gras chaque année à Saint-Yrieix dépasse le chiffre de 4.000 animaux et rapporte plus de 600.000 francs. En y ajoutant le commerce des communes limitrophes, on arrive au total respectable de 1 million 63.000 francs. Pour l'exportation dans le Midi, la vente a lieu surtout pendant les quatre mois d'hiver, à des foires qui se tiennent à Saint-Yrieix les deuxième et quatrième vendredis de janvier, février, mars, avril. A ces foires, on trouve fréquemment douze à quinze cents porcs gras.

On a reproché à la race Limousine son défaut de précocité; mais ce reproche est de moins en moins mérité. Il y a cinquante ans, les animaux étaient engraissés à trois et quatre ans; aujourd'hui, on les engraisse à quinze et vingt mois; et l'on peut encore hâter l'époque de cet engraissement.

Pourquoi les éleveurs gardent-ils leurs porcs très vieux? La raison donnée par M. le Dr Escorne est assez curieuse. Il y a cinquante ans, ces porcs déjà connus et très appréciés dans le Midi, allaient de Saint-Yrieix à Bordeaux à pied, comme les bœufs Limousins allaient à Paris. Après la construction du canal de l'Isle, vers 1840, ils marchèrent seulement jusqu'à Périgueux. En 1860, après la construction du chemin de fer de Limoges à Bordeaux, ils allèrent à Lafarge, la gare la plus proche. Aujourd'hui enfin, depuis la construction de la ligne Paris-Toulouse, on les prend sur place, à Saint-Yrieix. Jadis, des porcs de plus de trois ans étaient seuls en mesure (après avoir acquis par l'âge et la marche une résistance suffisante à la fatigue) d'entreprendre d'aussi longs voyages. A mesure que les distances à parcourir ont diminué, la précocité s'est affirmée de plus en plus. A présent que les cochons voyagent en chemin de fer, on peut encore accroître cette précocité. On n'aura qu'à pourvoir les mères et les jeunes porcs d'une abondante nourriture à l'époque de la croissance, et à substituer aux fougères, aux pourettes, aux feuilles de betteraves, les topinambours et les choux. Cette méthode, généralement adoptée aujourd'hui en zootechnie avec le plus grand succès, est bien préférable aux croisements avec des cochons anglais, essayés vers 1840 puis vers 1860 à Saint-Yrieix, et abandonnés depuis en raison des déboires qu'ils ont procurés.

C'est l'opinion bien arrêtée des éleveurs de la race porcine du Limousin, précédés dans cette voie par les éleveurs de la race bovine du même pays. Ils tiennent à leur race, à sa pureté, et ils ont formé le projet de la protéger et de la conserver par l'établissement d'un livre généalogique spécial. Dans la séance du 3 septembre 1893, le comice agricole de Saint-Yrieix nomma une commission chargée de faire un rapport sur la race porcine Limousine (dite *race de Saint-Yrieix*), d'établir ses caractères spéciaux, et de proposer l'organisation d'une commission « chargée de veiller à la conservation de cette race pure de tout mélange de sang étranger et de réagir contre les croisements dont elle a pu précédemment subir les fâcheux effets ». Le Dr Escorne fut chargé de ce rapport, auquel nous avons emprunté tous les renseignements qui précèdent.

Par un arrêté du préfet de la Haute-Vienne en date du 31 octobre 1894, une société fut fondée pour l'établissement d'un livre généalogique de la race porcine limousine. Les caractères de pureté exigés sont les suivants :

1° Les deux écussons qui couvrent la tête et la croupe;

2° Le reboulé de la nuque et la virade des hanches;

3° La tête conique et le chanfrein droit;

4° L'oreille mince, étroite, pointant en avant;

5° Les extrémités (nez, oreilles, tête, queue et pattes) fines et minces;

6° Les truitures;

7° Le rein droit et les côtes très relevées.

Depuis cette époque, la race porcine Limousine, perfectionnée par la sélection et l'amélioration de la nourriture, a remporté de nombreux succès, soit au concours général de Paris, soit dans les concours régionaux ou spéciaux de Saint-Yrieix, Cahors, Limoges, Bordeaux, etc. Ce sont deux de ces lauréats, grand prix de Paris, dont nous donnons le portrait.

LA RACE YORKSHIRE

La race porcine du comté d'York n'est plus ce qu'elle était jadis. A la fin du XVIIIe siècle, c'était une simple variété de la race Celtique, comme le témoigne la description qu'en a donnée en 1840 David Low, avec figures à l'appui, dans son histoire du bétail anglais. Comme notre race Craonnaise, Mancelle ou Normande, la race d'York avait alors la tête allongée, le chanfrein à angle obtus, les oreilles longues, larges, pendantes sur les yeux. Elle donnait de fort bonne viande, mais son développement n'était pas rapide. On voulut gagner du temps, dans ce pays où est né l'adage *Time is money*. On s'avisa alors de croiser cette race d'York avec la race Ibérique, récemment importée de Naples, et surtout avec la race Asiatique, que l'on venait d'emprunter à la Chine. La race Asiatique, d'un développement précoce, d'une aptitude remarquable à l'engraissement, transmit ces qualités aux nouveaux produits, en même temps qu'elle leur transmettait ses formes si caractéristiques, son groin court, son chanfrein coupé à angle droit, ses oreilles dressées verticalement. Cette tête devint la marque de fabrique anglaise, et supplanta la tête celtique, désormais disqualifiée dans les îles Britanniques.

L'engouement qui accueillit les animaux anglais de toutes les espèces (chevaux, bœufs et moutons) ne pouvait manquer à celle-là; et elle se répandit sur divers points du continent, où elle donna une grande satisfaction aux éleveurs. C'est à peu près la seule race porcine anglaise que l'on trouve aujourd'hui dans nos concours.

Les consommateurs n'eurent pas tous le même enthousiasme, ils reprochaient aux cochons anglais l'excès de leur graisse et l'infériorité de leur viande. On peut le vérifier sur les marchés français, où nos « cochons de l'Ouest » conservent toujours une estime particulière qui se traduit par une plus-value constante. Cependant, on ne peut nier la supériorité des cochons anglais comme fabricants de graisse, qualité qu'ils partagent d'ailleurs généralement avec les autres représentants du bétail anglais.

En zootechnie, il ne s'agit pas de manifester des préférences théoriques pour telle ou telle race; il s'agit de travailler en vue du débouché, et de fabriquer des marchandises qui sont demandées par le public. Pour tous les genres d'animaux créés par les Anglais, beaucoup d'éleveurs français

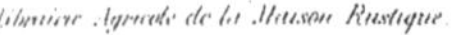

Librairie Agricole de la Maison Rustique.

Verrat yorkshire

ont songé à faire concurrence à l'Angleterre et y ont fort bien réussi. C'est donc un devoir de simple équité de rendre justice à nos compatriotes en pareille matière, et de montrer que leurs produits n'ont à redouter aucune concurrence des produits similaires fabriqués à l'étranger.

Nous en fournirons une nouvelle preuve en donnant le portrait d'un animal primé au concours général agricole de Paris où il avait été présenté par un habile éleveur aujourd'hui disparu : M. le Dr Noblet, de Château-Renard (Loiret).

Voici ce que dit M. Eugène Gayot de l'élevage de M. Noblet :

« Sans abaisser le poids normal de la race anglaise — 300 kilogr. en moyenne à l'âge de 15 à 20 mois — M. Noblet a su donner, au porc Yorkshire français une conformation meilleure : il en a élargi, notablement épaissi le corps. La pose du verrat dessiné par M. Ol. de Penne permet de mesurer l'écartement peu commun des deux membres antérieurs de l'animal. Cela montre quelle masse de chair trouve à se loger dans cet entre-deux. Ni creux ni vide dans ce tronc compact, plein, lourd à l'œil autant que sur la balance. Debout, l'animal présente dans son dessus une large surface seulement comparable à celle du Durham ; et quel énorme développement que celui du train postérieur ; quels beaux jambons il promet. Le cou n'existe plus tant il se confond avec le tronc, et le groin, fortement raccourci, a tout juste assez de longueur pour ne rien enlever à la bouche des dimensions qu'elle doit conserver. Les extrémités ont été raccourcies aussi ; un peu plus, et le ventre de l'animal engraissé toucherait le sol. Le squelette enfin a été réduit mais sans l'exagération d'une doctrine absolue.

« Chez l'animal comestible, le squelette ne doit pas être prédominant, mais proportionné au rôle qui est le sien dans la conformation des êtres : il faut qu'il reste la charpente de l'édifice, son véritable soutien. Une réduction exagérée ne s'acquiert qu'aux dépens de la quantité, de la qualité aussi des masses charnues et de la fermeté des couches épaisses du lard.

« Ceci a été, ceci reste l'écueil de l'extrême précocité. En la réalisant, on ne laisse pas à la machine le temps de développer en proportion normale le squelette qui, dès lors, perd plus ou moins de ses dimensions naturelles au profit du tissu adipeux.

« En remaniant la grande race anglaise dont il a rectifié toutes les imperfections, M. Noblet a su lui conserver son poids, tout en lui faisant acquérir une grande précocité sans atteinte à la qualité du gras et du maigre demandée par le consommateur. Et comment est-il arrivé à cet important résultat sans tomber dans l'inconvénient signalé des petites races — la réduction disproportionnée du squelette ? En ajoutant à l'alimentation, lorsque apparaissait la menace, une dose calculée de phosphate de chaux assimilable, très judicieusement administrée et prolongée seulement en raison des besoins. On peut dire et constater que le Yorkshire français a été savamment modifié par un physiologiste éclairé qui sait demander aux moyens de l'hygiène tout ce qu'ils donnent — sans trop de soucis, de peines et de dépenses — à ceux qui veulent bien apprendre à les mettre en œuvre. »

PETITE RACE NOIRE D'ANGLETERRE

A l'un des derniers grands concours internationaux d'animaux reproducteurs, l'espèce porcine formait deux divisions : la première, réservée aux animaux de races étrangères, nés et élevés à l'étranger, la seconde, aux animaux de races soit étrangères, soit françaises, nés et élevés en France. Dans la première division, les bêtes porcines de la Grande-Bretagne et de l'Irlande étaient réparties en deux catégories : 1° grandes races ; 2° petites et moyennes races.

Le prix des femelles, dans la deuxième catégorie des races étrangères élevées en Angleterre, fut attribué à une truie suitée, âgée de quatorze mois vingt-deux jours, appartenant au duc de Hamilton.

On sait que les Anglais, si soucieux de conserver la pureté de toutes leurs races d'animaux domestiques, font exception pour les races porcines. Ils ont croisé à l'infini les trois types naturels du cochon domestique et les métis qui en sont dérivés. Peu à peu, ils ont éliminé la race Celtique, à oreilles tombantes, pour ne garder que les mélanges de la race Ibérique et de la race Asiatique, à oreilles dressées. Avec leur sens pratique si remarquable, ils ont vu bien vite que toutes ces populations métisses n'étaient pas des races, au sens propre du mot, et ils ont renoncé à ces désignations géographiques qu'ils avaient multipliées, pour ne plus admettre que deux groupes : les grandes races, d'une part, et, d'autre part, les moyennes et les petites races. C'est cette division qui a été adoptée dans le catalogue officiel.

La truie suitée dont nous donnons ici l'image, fait partie des petites races. Elle appartient (d'après les renseignements que le duc de Hamilton, sur notre demande, a bien voulu nous faire parvenir) à ce que l'on appelait encore, il y a quelques années, la *race d'Essex*, race créée au commencement du siècle par le croisement entre les truies indigènes et les verrats napolitains ramenés d'Italie par lord Western. Cette race des porcs d'Essex améliorés (*improved Essex*), caractérisée par la couleur noire uniforme, le corps court et cylindrique, s'est répandue de l'est de l'Angleterre dans les pays voisins, surtout dans les contrées du sud, où l'on en trouve de très bons troupeaux. La truie suitée du duc de Hamilton descend d'une lignée importée du Devonshire. En 1855, une truie de cette origine avait été envoyée à l'Exposi-

Librairie Agricole de la Maison Rustique.

Truie de petite race noire.

tion universelle de Paris; mais elle était si grasse qu'elle avait été jugée devoir être inféconde. Et pourtant, dans son voyage de retour, elle donna le jour à onze petits, qui tous atteignirent des prix fabuleux : un seul fut vendu 50 guinées (environ 1.300 fr.). C'est cette portée fameuse qui a fourni les meilleurs produits.

Au point de vue zoologique, il n'est pas difficile de retrouver dans ces animaux les caractères crâniens de la race Asiatique : le front large, les oreilles dressées verticalement, le chanfrein court, coupé à angle droit. On peut affirmer sans crainte d'erreur que ces animaux ont eu dans leur ascendance des ancêtres Asiatiques auxquels ils ont fait retour, et dont l'influence l'a emporté de beaucoup sur celle de la variété Napolitaine de la race Ibérique dont ils descendent également.

Au point de vue pratique, ces petits porcs, à ce qu'affirment leurs éleveurs, « constituent une excellente race, sont de très bons reproducteurs, s'engraissent rapidement avec n'importe quelle nourriture, et sont d'excellents animaux pour croiser avec d'autres races ».

CROISEMENT DES RACES ÉTRANGÈRES AVEC LES RACES FRANÇAISES

Il y a plus d'un demi-siècle que les races porcines d'Angleterre ont été introduites en France. Les animaux de races anglaises jouirent tout de suite d'une grande faveur, à ce point qu'ils étaient en forte majorité dans nos concours agricoles. Pendant une longue période, les prix d'honneur de ce concours ont été décernés à des porcs anglais ou à des produits du croisement d'une race anglaise avec une race française.

Si, au point de vue de la pure doctrine zootechnique, le croisement ne permet pas de créer des races fixes, il donne tout au moins le moyen d'obtenir dans certains cas des animaux plus fins et plus précoces. Le mâle des races affinées d'Angleterre « donne sa précocité, ses formes trapues, la finesse de ses os, et cette précieuse disposition des races asiatiques qui concentre pour ainsi dire toute leur vitalité dans leur appareil digestif. La femelle apporte la vigueur de la santé, une action plus puissante des poumons, l'ampleur du bassin et du ventre qui promettent des portées nombreuses, des mamelles volumineuses, une sécrétion laitière abondante.

La planche coloriée jointe à cette notice représentant une truie Yorkshire-Craonnaise montre l'amélioration que donne un croisement judicieux. Cette truie est réellement remarquable par ses formes symétriques, la longueur de son corps, la largeur de ses reins et le développement de ses cuisses, partie du corps qui fournit la viande la plus savoureuse et la plus nutritive. Le squelette est réduit, mais dans des proportions qui laissent à l'animal la liberté de son mouvement. La tête, d'un volume moyen, porte des oreilles demi-tombantes. On sait que celles-ci sont très larges et très tombantes dans la race Craonnaise et droites ou dressées dans la race Yorkshire.

Librairie Agricole de la Maison Rustique.

Truie Yorkshire-craonnaise

LES RACES CAPRINES

LES RACES CAPRINES

INTRODUCTION

La statistique de la France attribue à l'espèce caprine une population de 1.845.000 têtes évaluée à 28 millions de francs en nombre rond, et dont la production laitière s'élève à 24 millions de francs. Cette population est très inégalement répartie entre les départements; elle est surtout nombreuse en Corse, où elle atteint 140.000 existences, et dans la région du sud-est, notamment dans l'Ardèche, la Drôme, l'Isère, puis dans les départements des Deux-Sèvres, de la Vienne, de Saône-et-Loire, de l'Indre, etc.

Jusqu'à présent, ce petit bétail a été exclu des concours agricoles officiels, alors que les lapins, d'une moindre valeur (25.577.000 fr.), y sont admis depuis longtemps. Cela tient peut-être à ce qu'il a été oublié lorsque les programmes ont été établis autrefois, et comme chez nous les règlements administratifs sont immuables, cette omission n'a jamais été réparée. La chèvre est restée en France, ce qu'elle a été de tout temps; une bête efflanquée, d'aspect plutôt misérable; si elle avait participé aux encouragements donnés aux autres animaux de la ferme, elle eût été sans doute beaucoup améliorée.

Un chaleureux défenseur de la chèvre, auteur de la monographie la plus complète qui ait été publiée jusqu'à ce jour sur cette espèce domestique, M. J. Crepin, a obtenu l'autorisation d'exposer hors concours à Paris, en 1903, une dizaine de lots provenant de l'importante chèvrerie dans laquelle il a réuni toutes les races. Cette exposition a eu le plus grand succès. Dans la pensée de M. Crepin, elle avait pour but principal de réagir contre les préjugés répandus sur le compte d'un animal qui rend déjà beaucoup de services et qui en rendrait de plus grands encore si on savait

Librairie Agricole de la Maison Rustique

L. Barillot pinxit. Léon Mège, Paris.

Chèvres de la race de Malte *Bouc et chèvre de la race des Alpes, variété suisse Schwartzhals*

Appartenant à M. J. Crépin, à Brunoy (Seine-et-Oise).

mieux l'utiliser. Il était bon de signaler au public que la chèvre est à peu près réfractaire à la tuberculose et que son lait peut être le « salut d'innombrables enfants que guettent l'entérite, le scorbut, le rachitisme et toutes les maladies infantiles engendrées par une alimentation impropre ».

C'est d'ailleurs l'opinion de l'Académie de médecine qui a émis en 1902 le vœu suivant, sur le rapport de M. Raillet : « La facilité avec laquelle on entretient la chèvre, même dans les villes, la possibilité qu'elle offre de procurer en toute saison du lait de lactation récente, la résistance bien connue qu'elle présente à l'infection tuberculeuse, toutes ces conditions rendraient infiniment avantageuse l'installation dans les villes, et à Paris en particulier, de nombreuses petites chèvreries propres à fournir en tous temps et à tous un lait frais et pur d'une richesse appropriée aux besoins ».

La manifestation faite par M. Crepin au concours agricole n'a pas été inutile, puisqu'elle a provoqué la création de pouponnières approvisionnées par des chèvres.

CHÈVRE DE MALTE ET CHÈVRE VALAISANNE

La chèvre de Malte.

Certains auteurs ont prétendu que la chèvre de Malte détient le record parmi toutes les chèvres laitières de l'univers. Nous serions, eu égard à la taille, tenté d'admettre cette opinion, car si une chèvre, qui n'atteint pas la plupart du temps plus de 65 à 70 centimètres au garrot, est capable de fournir la quantité de lait que prétendent en obtenir les Maltais, il faut reconnaître qu'elle est prodigieuse. Cet animal donnerait, d'après les chevriers de la Vallette, autant de lait que les meilleures laitières suisses, dont le poids est supérieur de 30 à 40 kilogr., et qui mesurent de 20 à 30 centimètres de plus au garrot. Les chèvres de Malte, race pure, que nous possédons à Paris, nous donnent dans une lactation de 600 à 650 litres de lait. On nous a affirmé de toute part en Algérie et en Tunisie notamment, qu'il faut compter sur une moyenne de 3 litres de lait par jour. Après la mise-bas, on obtient 4 litres, quelquefois 5. C'est considérable, comparé au poids de l'animal et à la quantité restreinte de nourriture qu'il est susceptible d'absorber. A Malte, on alimente intensivement les chèvres au moment où elles sont laitières; elles arrivent ainsi à ingérer alors chacune de 2 kilogr. à 2 kil. 500 de fèves par jour, ce qui développe énormément chez elles la sécrétion lactée. Nous avons essayé cette suralimentation, mais dans les conditions de vie et de climat où vivent nos Maltaises nous n'arrivons pas à déterminer chez ces animaux l'appétit qu'ils peuvent acquérir dans leur habitat originel. A Malte, en Tunisie, en Algérie, les chèvres circulent sur des pâturages arides et desséchés, et ce régime d'exercice au grand air les prédispose à se nourrir abondamment quand elles rentrent au bercail. De plus, il nous est difficile de nous procurer dans nos parages la variété de fève grosse et tendre qu'elles recherchent particulièrement.

⁂

La chèvre Maltaise constitue un des éléments de prospérité de notre colonie algérienne; elle est, en effet, très répandue sur le littoral où il n'est pas facile de trouver du lait de vache.

Cependant, en Algérie, son aspect a subi quelques transformations, en raison des tentatives d'agrandissement qui ont été pratiquées au moyen de croisements avec des boucs de grandes races. Elle n'y donne pas autant de lait qu'à l'île de Malte, mais son produit est encore considérable, puisqu'elle peut donner, avec une alimentation normale, environ 3 litres de lait remarquable par son goût et la quantité de beurre qu'il contient.

On trouve des Maltaises de toutes les couleurs communes à la chèvre; cependant, la toison n'affecte jamais la disposition des nuances observée chez la chèvre alpine. Elle est rousse, brun clair ou foncé, noire, blanche ou grise. Elle entremêle aussi ces couleurs en des taches bien accentuées. Quelques-unes cependant sont péchardes. Mais on ne trouvera jamais, comme fréquemment chez l'Alpine, une bande noire ou foncée qui suit tout le long de l'épine dorsale, ainsi que les stries blanches ou simplement claires régnant de l'implantation des cornets aux commissures de la bouche, comme chez la Toggenbourg et la chèvre noire, poil ras, du Sundgau.

La Maltaise a beaucoup d'analogie avec la chèvre de Murcie, avec cette différence que les poils sont généralement longs, les oreilles légèrement cassées vers le bout et facilement tombantes, caractères empruntés à l'un de ses auteurs, la chèvre de Syrie. On la trouve aussi très fréquemment avec des oreilles très courtes à la façon de la chèvre de la Mancha, autre branche de ses ascendants.

Il y a aussi des chèvres de Malte très authentiques, à poil ras. La robe ne fait rien pour la qualité de la bête. Cependant si la robe et la couleur sont des plus variées, la nuance qui domine dans la race et qui parait le mieux la caractériser, c'est le jaune brunâtre, le fromenté plus ou moins foncé. La race à fixer nous paraît devoir atteindre cette couleur avec du poil long et des oreilles légèrement tombantes et relevées vers le bout. L'œil est foncé et doux à la façon de celui de la gazelle : la tête plutôt allongée, le chanfrein droit, le mufle légèrement renflé. Les cornes contournées et grêles font généralement défaut. Elles sont, en tout cas, en regression comme dans toutes les races d'élite chez lesquelles la domestication fort ancienne a fait œuvre de sélection. La chèvre de Malte est ordinairement maigre, parce que l'abondance de sa nourriture profite à son lait.

Comme à Malte, la chèvre est habituellement nourrie à la mangeoire et qu'elle ne reçoit jamais aucune nourriture arbustive, la race de ce pays a perdu en partie l'instinct déprédateur que l'on reproche à son congénère de France. Nous avons vu nos chèvres de Malte, au nombre de 25, traverser notre jardin de Paris, au milieu des plantes et des arbustes, sans songer à commettre le moindre délit, alors que les Alpines se livrent, en pareil cas, à une véritable dévastation. Nous ne voulons pas dire, cependant, que la chèvre de Malte soit absolument inoffensive; elle est turbulente comme tous les caprins, mais elle est certainement plus facile à conduire en troupeau que tout autre animal de son espèce. Entraînée à brouter, elle se comporterait un peu comme les moutons. Jusqu'ici, on lui préfère à cet égard la Murcienne laquelle tond volontiers une pelouse lorsqu'elle a l'habitude de paître au champ. Cependant en général, la chèvre ne mange les graminées qu'à défaut des plantes arborescentes et légumineuses pour lesquelles elle montre une préférence marquée.

Nous signalerons aussi à propos de la chèvre de Malte les pratiques auxquelles se livrent les Maltais pour déterminer l'activité de la glande mammaire.

Pendant les derniers mois de la gestation, le pis de la bête est soumis à des massages prolongés, à des frictions douces et onctueuses. Cette opération est répétée le plus souvent possible et l'animal non seulement s'y prête volontiers, mais en manifeste une grande satisfaction. Il témoigne, d'ailleurs, un grand attachement à son chevrier qui a pour lui les tendresses de l'Arabe pour son cheval. Après quelques semaines de ce régime, le sang afflue à la mamelle, les glandes descendent et se développent au bas du pis vers les trayons : de là la forme bizarre de cet organe étroit du haut et globuleux du bas. Cette même conformation existe chez la chèvre de Nubie. A l'encontre de ce qui se fait partout, le Maltais ne trait jamais sa bête à fond. L'épuisement du pis à chaque traite et la traite aux heures fixes sont considérés par les Suisses, grands connaisseurs en la matière, comme une condition essentielle pour le maintien d'une abondante lactation. Le Maltais prétend le contraire. Il laisse toujours dans chaque trayon la valeur d'un verre à Bordeaux de lait, afin, dit-il, d'entretenir la chaleur qui attire le lait. Il trouve même excellente la pratique de ne puiser à la mamelle que par petites quantités et par fréquentes répétitions ; il y voit un appel constant à la sécrétion lactée, et arrive, en effet, à tirer de ses bêtes de prodigieuses quantités de lait.

Il est de fait que les chèvres donnant un très grand produit entre les mains d'un Maltais, deviennent des laitières insignifiantes dès qu'elles sont livrées aux soins des Arabes. C'est peut-être également l'application des méthodes coutumières de nos parages qui font de la chèvre de Malte une laitière moins abondante entre nos mains. Le climat, pas plus que le régime alimentaire, n'exercerait alors l'influence que l'on croit. C'est un point à vérifier.

La chèvre Valaisanne à col noir, dite Schwartzhals

Parmi toutes les variétés de la race alpine, celle qui nous paraît la mieux fixée, c'est sans contredit la Schwartzhals. Cette chèvre tend à se répandre de plus en plus dans le Haut-Valois jusqu'à Sierre et constitue un vrai commerce d'exportation ; des troupeaux sont envoyés en France, en Hollande, en Italie, en Allemagne et en Autriche, où cette race est très recherchée.

Le prix varie de 80 à 100 francs, selon que les sujets correspondent plus ou moins aux descriptions suivantes :

La tête et toute la partie antérieure du corps sont noirs, tandis que l'arrière-train est blanc comme neige ; les deux couleurs se rencontrent derrière les épaules, au passage de la sangle, formant une ligne de séparation absolument verticale. Les onglons des pieds de devant sont noirs, ceux de derrière sont blancs.

La taille est moyenne, 70 à 78 centimètres de hauteur au garrot, elle n'atteint son développement complet qu'à l'âge de quatre à cinq ans. Mâle et femelle sont couverts d'une forte toison, c'est ce qui les rend si robustes et si résistants au froid. Le poil qui recouvre l'épine dorsale du bouc mesure 66 centimètres. Une forte touffe lui descend sur le front et les yeux, la barbe est singulièrement longue et fournie, et il n'est pas rare de la voir tomber jusque sur les onglons. Cette chèvre est bien bâtie et trapue; elle a la tête courte, le front et le mufle larges, les oreilles légères, les yeux vifs et intelligents. Elle a les reins larges, le dos droit, la croupe faiblement inclinée et bien développée, les cuisses faiblement musclées, de bons aplombs. Son cou n'est pas long; le pis est bien formé avec des trayons réguliers.

Créée pour les hautes montagnes, cette variété alpine est incontestablement une des plus robustes, sa force d'endurance l'a fait surnommer la chèvre des glaciers. Si elle prospère à la montagne, elle s'accommode, par contre, moins bien de la stabulation. Cependant nous en possédons un petit troupeau à Paris qui, bien que vivant constamment à l'écurie depuis trois ans, se porte admirablement bien. Il faut reconnaître, du reste, que dans ces conditions de vie, elle rapporte moins de lait que ses congénères des autres variétés alpines. Et le bouc n'a pas en stabulation son entrain habituel et refuse quelquefois la monte, ce qui est beaucoup dire pour un individu qui, normalement, fait face à cent femelles.

LA CHÈVRE D'ESPAGNE

La chèvre de Murcie et celle de la Mancha sont deux variétés fort intéressantes du cheptel caprin d'Espagne.

Cette dernière ne se différenciant de la précédente que par la petitesse de son oreille qu'elle porte droite et en cornet comme celle du cheval, nous admettrons que tous les détails donnés sur la Murcienne s'appliquent également à sa congénère de la Mancha.

La chèvre de Murcie doit présenter les caractères suivants :

La robe sera de couleur alezane plus ou moins foncée ; on tolèrera le noir et même le roux tacheté de blanc, à la condition que ces couleurs soient bien franches et n'affectent jamais les nuances polychromes que porte la toison des Alpines et même des Maltaises. Le poil sera ras, très soyeux et brillant ; ce poil pourra s'allonger un peu sur l'échine et les cuisses. La tête sera fine, le chanfrein droit, les oreilles un peu lourdes et posées horizontalement à la tête, la physionomie douce et éveillée.

On remarquera la gracilité de son cou et l'harmonie de ses formes. Son corps légèrement allongé, comme chez toutes les races bonnes laitières, sera bien campé sur des jambes fines et bien prises. On la recherchera sans cornes, sans se montrer à cet égard trop absolu ; car, lorsque sa tête est surmontée de cornes légères, fortement inclinées en arrière et contournées autour des oreilles, l'animal ne perd rien de sa grâce et de sa gentillesse. La chèvre de Murcie de race pure est incontestablement le plus joli des caprins.

Comme laitière, elle est, eu égard à sa taille, remarquable. Les Murciennes que nous possédons, n'atteignent pas plus de 65 à 70 centimètres au garrot et donnent dans une lactation facilement 600 litres de lait.

On en a même rencontré en Algérie de plus grandes, ayant 74 centimètres et plus, et donnant régulièrement de 4 à 5 litres de lait par jour.

Par ses besoins, la chèvre de Murcie représente le 1/8 d'une vache ; de sorte que pour valoir une chèvre de Murcie comme laitière, il faudrait qu'un animal d'espèce bovine donnât dans sa lactation 8 × 600, soit 4.800 litres de lait.

Son lait, loin de déceler la moindre odeur caprine, est délicieux au goût. D'ailleurs, dans cette race, comme dans la race de Malte, qui en dérive, le bouc n'exhale pas cette odeur

L. Barillot pinxit. Léon Mège, Paris.

Chèvres espagnoles

Bouc et chèvre variété de Murcie | Chèvres variété de la Mancha, dite à courtes oreilles

Appartenant à M. J. Crepin, à Brunoy (Seine-et-Oise).

hircine pénétrante et désagréable que l'on reproche à son congénère de France et autres lieux. Ce qui explique également le goût exquis de ce lait, c'est qu'il contient en moyenne jusqu'à 55 gr. 60 de lactose et plus de 40 grammes de beurre, avec relativement peu de caséine (28 grammes environ), par litre. Pour cette quantité de liquide, les phosphates s'élèvent à 7 gr. 50 et même à 8 grammes, ce qui est considérable. Comme dans tous les laits de chèvre, le coagulum caséeux est fin et friable, ce qui en assure la parfaite digestibilité.

Quant au beurre, il n'est pas possible d'en trouver de plus délicat au palais ni de plus profitable en cuisine. D'ailleurs, en général, le beurre de chèvre présente cette particularité d'offrir, à poids égal, un volume sensiblement plus fort que celui du beurre de vache, et de profiter en cuisine beaucoup plus que ce dernier. Ce sont là des constatations que nous avons faites nous-mêmes, et que nos lecteurs peuvent faire à leur tour pour se convaincre.

Tout le secret pour avoir un beurre de chèvre parfait consiste à n'employer au barratage que de la crème rigoureusement fraîche et douce. Ce beurre est au contraire détestable lorsqu'il provient de crème surie : dès qu'apparaît dans le lait de chèvre l'acide lactique, il se décèle par une odeur caprine pénétrante qu'un palais délicat ne peut tolérer. Le seul écueil pour la fabrication du beurre de provenance caprine réside dans ce fait, que dans le lait de chèvre la crème monte difficilement. Cependant, en opérant par l'appareil centrifuge, cette difficulté n'existe plus.

De toutes les races caprines que nous avons étudiées, celle de Murcie est certainement la plus apte à l'engraissement. De formes replètes et dodues comme une biche, elle se recommande pour la boucherie au même titre que le mouton ; la chair, au goût, ne se distingue pas de celle de ce dernier. Il convient d'ajouter qu'elle est extrêmement rustique, s'acclimate admirablement partout, supporte même à Paris la stabulation constante, à la condition toutefois de n'être pas attachée, afin d'avoir la liberté de ses mouvements. En Espagne, où le lait de chèvre domine dans la consommation lactée, celui de la Murcienne est le plus recherché.

Ce que nous venons d'exposer peut donner une idée des services que la chèvre pourrait rendre, à la condition d'être bien tenue et bien sélectionnée. Cela fera ressortir également la situation extrêmement précaire dans lequel est tombé l'élevage de cet animal éminemment utile.

Ce perpétuel et énervant qualificatif de vache du pauvre, par lequel on prétend désigner la chèvre dans tous les traités et articles qui lui sont consacrés, a fait croire au public que cet animal n'est réellement utilisable que par le déshérité. De fait, il est rayé aujourd'hui de tous les programmes de nos préoccupations économiques, et, à mesure que la science agronomique élargit le domaine de notre richesse agricole, nous voyons décroître dans une progression accélérée la population caprine de France. Au train où vont les choses, la chèvre ne tardera pas à disparaître complètement de notre sol national.

Du reste, en examinant ce que la réprobation publique a fait de cet animal abandonné aujourd'hui aux seuls miséreux qui l'exploitent à outrance, sans aucun souci de l'amélioration de l'espèce, qui le nourrissent en hiver, comme cela se pratique en Norvège, de ramilles défeuillées, d'écorces de pin ou de sapin, nous ne pouvons en ressentir qu'un sentiment de pitié. En effet, tout autre intérêt disparaît à l'aspect de cet animal étique, efflanqué, à dos étroit et voûté, à air minable : c'est bien là certainement la physionomie générale de notre chèvre commune de France.

Ce résultat lamentable est l'œuvre de nos agriculteurs, et surtout celle de nos agents forestiers.

Attentifs seulement aux intérêts qu'ils ont ou qu'ils se sont donné mission de défendre, ils s'acharnent contre la chèvre pour les méfaits qu'ils lui raprochent, et refusent de tenir aucun compte des considérations qui pourraient militer en sa faveur.

Cependant, leur vindicte s'exercerait avec infiniment plus de raison contre la routine ignorante, l'imprévoyance insensée, l'instinct destructeur de celui qui conduit le troupeau au pacage; c'est lui le coupable et le responsable des dévastations commises.

De Madrid à Jérusalem — dit un rapport que nous avons sous les yeux, — l'histoire et la géographie répètent :

« Forêts livrées aux moutons et aux chèvres, forêts détruites, montagnes sans bois, montagnes sans vie. »

Ainsi à les entendre, ces détracteurs de la chèvre, c'est elle qui a appauvri l'Espagne, les Romagnes, Naples, la Sicile, la Grèce, même la Corse : c'est elle qui a fait le désert au pied de l'Atlas, sur la côte du nord de l'Afrique, et jusque sur les bords de la mer Noire.

Faut-il juger la chèvre au seul point de vue des dégâts qu'elle est susceptible de commettre, quand, obéissant docilement à la volonté de l'homme, elle vagabonde à travers la campagne à la recherche de sa nourriture ?

Les jeunes pousses n'auraient pas à craindre sa dent, si la pauvre bête était gardée à l'étable ou au parcage, régime qu'elle supporte mieux qu'aucun autre animal de la ferme. C'est même en stabulation qu'elle donne son meilleur et son maximum de produit. La valeur et l'abondance de ses produits rémunéreraient cependant largement des peines et des frais que causerait son entretien au ratelier.

Du reste, si la chèvre marque une grande préférence pour le fourrage de nature ligneuse, il ne faut pas perdre de vue qu'elle se nourrit de beaucoup plus de plantes que tout autre herbivoire d'espèce domestique. Sur 576 végétaux soumis expérimentalement à des chèvres, celles-ci, nous dit Rost-Haddrup, en consommèrent avec appétit 449. Si la chèvre est donc difficile sur la qualité, elle ne l'est pas sur la nature de l'aliment.

Mais ce qu'il importe de retenir c'est que le lait de chèvre obtenu à la faveur du régime habituellement accordé à la vache, n'a plus le même goût ni la même composition chimique que celui que vous donne la chèvre qui paît dans la montagne.

La prodigieuse impressionnabilité de la chèvre, — disposition qui n'a rien de commun avec la nervosité qui est un état morbide auquel la chèvre n'est nullement sujette, — se remarque surtout dans son lait et encore plus dans le beurre qui en provient. Celui-ci se parfume d'une façon saisissante des senteurs que dégage la plante dont l'animal se nourrit. Nous invoquerons à cet égard le témoignage du docteur Prompt de Baugy qui nous a fait déguster du beurre fortement imprégné d'odeur de plantes, notamment de menthe, à la suite du régime imposé à ses chèvres qui étaient exclusivement nourries de thym, de menthe et de germandrée.

La composition du lait de chèvre présente de grandes différences suivant l'alimentation de l'animal, suivant la race et suivant l'individu.

Il résulte d'un tableau contenant les résultats de 34 analyses, trop long pour être reproduit ici, que la densité peut varier de 1025.3 à 1037.50 pour mille; l'extra sec, de 100 à 167.50; le beurre, de 25,3 à 84.90; la caséine, de 17.30 à 39.4; le sucre de lait, de 34.43 à 60, et la proportion de sels phosphatés de 4.12 à 8.60 pour mille.

On peut juger par ces chiffres de la diversité des laits de chèvre et de la prodigieuse ressource que porte en lui cet animal pour la satisfaction de nos besoins d'hygiène et de santé.

LA CHÈVRE DES ALPES

Les tentatives faites en Suisse pour fixer les plus belles variétés de la race alpine ont donné des résultats appréciables, mais il y a encore fort à faire dans cet ordre d'idées.

Le type le plus connu et le plus apprécié de la race, est la chèvre de Saanen sélectionnée. Pour valoir le prix de 80 francs à 100 francs que demande l'éleveur pour un sujet, il faut que l'animal présente les caractères suivants :

Avoir la tête fine, de même que la face et le museau ; le front large : le mufle, la langue et les muqueuses de la bouche, couleur de chair; les yeux, d'une teinte jaunâtre; le regard est doux : les cils sont blancs. L'encolure est gracile ; le corps, allongé ; l'échine, relativement droite ; la croupe, en pente douce, est développée ; la poitrine est large et profonde ; les reins amples ; l'écusson bien marqué. Les mamelles doivent être volumineuses, donnant à la palpation avant la traite l'impression d'une glande et non pas d'une masse de chair : peu importe qu'elles soient globuleuses ou allongées ; de même pour les trayons, il est indifférent qu'ils soient longs ou petits.

La chèvre de Saanen est la plus grande de la Suisse, avec celle de la Gruyère ; son développement est très rapide et elle atteint de bonne heure une taille de 78 à 93 centimètres avec un poids de 70 à 90 kilogr. La longueur du corps, de la tête à la racine de la queue, est chez la chèvre de $1^{m},15$ à $1^{m},20$.

Sa robe varie du blanc neige au blanc crème. Ses onglons sont jaunâtres. Son poil est ras, mais s'allonge souvent tant soit peu sur le milieu du dos et sur les cuisses. Les oreilles sont fines, mais quelquefois un peu lourdes.

Chez le bouc, qui dépasse quelquefois 1 mètre au garrot, les poils sont plus longs et plus serrés et cachent une partie de l'avant-train. La face, empreinte du masque de la brutalité, par suite de la procidence du frontal et de la saillie des molaires, est toujours entourée d'un épais collier de barbe.

Sans être aussi robuste que les autres variétés suisses, la chèvre de Saanen ou de Gessenay, vit très à l'aise sur les montagnes ; toutefois le séjour de la plaine lui convient mieux, et, bien soignée et à l'étable, elle donne abondamment du lait.

Dans le district de Gessenay, où l'on élève plus particulièrement cette variété caprine, tout animal qui porte de longs

Librairie Agricole de la Maison Rustique

L. Barillot pinxit. Leon Mège, Paris.

Chèvres des races alpines françaises sélectionnées | *Chèvres de la race des Alpes, variété suisse Saamen*

Appartenant à M. J. Crepin, à Brunoy (Seine-et-Oise).

poils est déprécié. Il en est de même des animaux pourvus de cornes; mais nous nous garderions bien de suivre les Suisses dans cette fantaisie déraisonnable. La chèvre est en principe un animal cornu comme la vache; l'absence de cornes est une anomalie plus accentuée chez certaines races que chez d'autres, mais nous sommes maintenant certain qu'il n'existe aucune race caprine au monde absolument dépourvue de cet ornement frontal qui constitue même le seul moyen de défense naturelle à la disposition de l'espèce. Du reste, il y a beaucoup de personnes qui préfèrent la chèvre à cornes à celle qui n'en a pas.

Les cornes n'exercent aucune espèce d'influence sur la valeur laitière d'une chèvre, et deux sujets sans cornes produisent souvent des petits cornus. On peut observer ce cas au Jardin d'Acclimatation, où un troupeau de Toggenbourg authentiques est suité de chevreaux généralement cornus.

Que l'on fasse du snobisme pour des bêtes de luxe, cela se comprend, mais quand il s'agit d'animaux d'utilité, il ne faut s'arrêter qu'aux caractères qui dénotent l'aptitude recherchée. Nous demanderons, en outre, la perfection des formes et la vigueur de l'individu. Il est, en effet, fâcheux, et regrettable, de voir sacrifier 70 % de chevrettes à cornes admirablement bien constituées pour devenir d'excellentes laitières, et retenir pour l'élevage le petit nombre de chevrettes qui n'ont souvent d'autres qualités que d'avoir le front exempt de l'appendice cornu, et la couleur spéciale que l'éleveur s'est mis en tête de recommander au public.

En tous cas, si l'on veut arriver, par des accouplements d'animaux « mottes », à constituer des races de chèvres rigoureusement sans cornes, il faudra de nombreuses années encore de sélection, bien que les cornes soient déjà en regression chez la chèvre dans l'état actuel de son évolution.

C'est là du moins le sentiment de nos naturalistes, mais comment expliquent-ils alors la fréquence des chèvres à quatre cornes? Si c'est un simple phénomène, il démontrerait tout au moins que le principe qui pousse à la formation de la matière cornée possède encore une certaine vitalité.

La variété alpine qui tient le premier rang après la Saanen, dans la faveur du public, c'est la Toggenbourg. Elle est très répandue dans le canton de Saint-Gall, mais surtout dans la vallée de Toggenbourg où elle a pris naissance et qui lui a donné son nom. Elle paraît issue d'un ancien croisement de la chèvre blanche d'Appenzell et de la chamoisée des Alpes qui est une des plus répandues en Suisse.

Elle possède un cachet tout particulier et qui ne manque pas de plaire aux amateurs. Son manteau est brun clair, et deux bandes grisâtres ou claires longent les régions latérales de la tête (joues). Le front et le chanfrein sont brun clair. L'intérieur et le bord des oreilles sont également garnis de poils grisâtres, mais aux jambes, ce poil très soyeux est gris clair jusqu'au-dessus du genou. La partie intérieure des cuisses est également grisâtre ou blanche. A l'origine, de chaque côté de la queue qui est lisérée de gris on remarque deux taches de la même nuance. Les onglons sont souvent jaune clair. Le corps est recouvert en entier de poils courts et fins, à l'exception du dos et des cuisses où ce poil est demi-long. Chez le bouc, il est plus long et tombe sur les épaules.

La barbe du bouc est aussi plus développée ; la chèvre en a peu. Les longs poils du dos sont brun foncé.

La chèvre de Toggenbourg est de taille moyenne (70 à 80 centimètres au garrot), mais elle est généralement plus légère que celle de Saanen. Ses formes sont régulières, elle a le dos droit; la croupe, très développée ; les côtes, bien arrondies; les membres, relativement longs avec de bons aplombs; la mamelle est développée avec des trayons réguliers.

Cette chèvre est estimée dans le Grand-Duché de Bade, en Saxe et en Bavière où il s'en exporte le plus; les animaux atteignent des prix élevés, et les beaux sujets se paient 80 et 90 francs. Cette variété caprine a été également importée en Angleterre sous le patronage de la *British Goat Society* et remporte tous les ans de grands succès dans les expositions d'animaux de ferme.

Une chèvre très recommandable en Suisse pour sa beauté et ses qualités laitières, c'est celle de la Gruyère.

Dans cette région, la proportion des chèvres à cornes augmente sensiblement.

La chèvre de la Gruyère sélectionnée doit répondre au type suivant :

Poil ras, roux-marron sur les flancs, le cou et les oreilles ; la face doit être entièrement noire, de même que l'épine dorsale, le ventre et les jambes. Cette couleur est fort jolie; malheureusement, les animaux qui répondent exactement à la précédente description sont très rares, car on ne les rencontre que dans la proportion de dix à quinze pour cent.

Toutes les variétés que nous venons de décrire sont considérées en Suisse comme des races fixées et propres à la région helvétique. Nous faisons à cet égard des réserves, attendu que nous trouvons dans notre cheptel français des sujets identiques à ceux que la Suisse commence à sélectionner avec le plus grand soin. La Schwartzhals (Cou-noir) du Haut-Valais, est la seule chèvre alpine que nous ne rencontrions que rarement dans les Alpes françaises; mais, par contre, il ne nous a pas été donné de voir en Suisse nos magnifiques Cous-clairs (Cous-jaunes et Cous-blancs), de la Tarentaise et de la Maurienne, qui sont, à notre avis, la plus belle variété alpine qui existe, par le brillant de sa robe, la finesse de ses formes, l'harmonie de ses proportions.

Voici le portrait de ce joli caprin essentiellement français :

La tête, le cou, la partie antérieure du tronc et des jambes, sont d'un beau jaune safran ou tirant sur le gris; sur tout le reste du corps s'étale un manteau noir brillant, dont le contraste est du plus bel effet; deux raies noires sur la face descendent chacune du point d'implantation du cornet auditif et viennent s'étaler aux commissures labiales.

Indépendamment de ces variétés qui nous ont le plus frappé parce qu'elles présentent quelques caractères nettement distinctifs, il en existe d'autres dans toutes les Alpes qui mériteraient de retenir l'attention et qui pourraient servir à constituer des races hors ligne : mais il faut, comme nous avons déjà eu occasion de le dire, tout attendre de la sélection judicieuse qui, dans un troupeau de cent têtes par exemple, sait choisir avec discernement les trois ou quatre sujets d'élite et éliminer de leur descendance tous les individus qui tendraient à s'éloigner du type proposé.

D'ailleurs, les chèvres alpines sont généralement bonnes

laitières. Après la mise-bas qui a lieu surtout au printemps, parce que de temps immémorial elles ont été entraînées à produire dans ces conditions pour satisfaire à des besoins industriels déterminés, elles donnent en moyenne quatre litres de lait ; cependant il n'est pas rare de voir certaines d'entre elles en donner cinq ou six, exceptionnellement sept ou huit, après la parturition.

Ces chèvres, bien soignées, peuvent conserver leur lactation sans la renouveler par une nouvelle gestation, pendant deux, trois, et même plusieurs années successives. Tous les ans, cependant, le lait diminue vers l'automne et baisse de moitié durant le froid de l'hiver. Vers le printemps, la montée du lait se fait à nouveau, de sorte que la chèvre redevient susceptible de donner un produit presque égal à celui qu'on obtiendrait d'une fraîche laitière. Tous ces faits ont été rigoureusement vérifiés par notre propre expérience.

Il est rare cependant qu'on laisse les chèvres plus de deux ou trois ans sans leur permettre de renouveler leur lactation par une nouvelle mise-bas. Dans ces conditions, le lait baisse sensiblement à partir du quatrième mois de gestation, c'est-à-dire un mois avant la parturition, et dès lors il est bon de laisser la laitière tarir d'elle-même.

Quant à la longévité de la chèvre, elle paraît très grande. On cite en Suisse, dans la Haute-Sarine, l'exemple d'une chèvre laitière de vingt-sept ans qui produisit jusqu'à sa mort. Le temps nous a manqué pour vérifier jusqu'à quel âge cet animal donne son plein produit, mais il est généralement admis qu'il ne décline que vers l'âge de 16 à 17 ans. Il est bien certain que nous n'envisageons pas pour le moment la chèvre comme bête de boucherie : à ce point de vue, nous lui appliquerions la règle admise pour le mouton.

Enfin, les bonnes chèvres alpines, *bien adaptées à leur milieu d'existence*, donnent en moyenne de 800 à 1.200 litres de lait par an. Il faut naturellement, pour obtenir ce résultat, qu'elles soient très copieusement nourries et reçoivent une alimentation très substantielle. Un bon appétit est à cet égard également indispensable. On ne saurait trop répéter que la chèvre, représentant en zootechnie, selon sa race, le sixième ou le huitième d'une vache, rapporte, lorsqu'elle reçoit de bons soins, un produit incomparablement plus abondant, toute proportion gardée, que celui fourni par la vache.

On a publié dans un grand journal d'élevage étranger que c'est la chèvre Cachemir qui procure le lait aux fruitiers du Mont-d'Or lyonnais. Or, rien n'est moins exact. La vérité, c'est qu'au commencement du siècle, les gens du Mont-d'Or, qui fabriquaient depuis plus de trois cents ans un excellent fromage de chèvre dont la réputation était alors universelle, se sont avisés de faire mieux que d'exploiter seulement les produits lactés de leurs animaux en ajoutant à leur industrie celle du poil de chèvre. A cet effet, ils ont fait venir d'Asie-Mineure un certain nombre de boucs d'Angora qu'ils ont croisés avec leurs excellentes chèvres indigènes, qui étaient purement et simplement une très belle variété d'alpine. Les croisements, poursuivis sur une grande échelle, ont donné des résultats désastreux. Les métis obtenus avaient bien de longs poils, mais leur toison, comme dans tous les métissages, manquait de consistance et de solidité ; de plus, ces sujets abâtardis avaient pour la plupart perdu les qualités laitières que possédaient leurs auteurs. Ces chèvres étaient devenues aussi médiocres laitières que l'Angora, et cela à telles enseignes que les fromagers du Mont-d'Or ont dû demander à la vache un appoint en lait, devenu de plus en plus important.

En effet, pendant qu'en Suisse la population caprine affirmait sa valeur et s'accroissait de 150.000 individus en moins de vingt ans, le cheptel caprin du Mont-d'Or entrait en décadence : il était de 18.000 têtes en 1830; c'est à peine aujourd'hui si on en trouverait 1.200 sujets au maximum. Est-ce à dire que la chèvre, comparée à la vache, a dû céder le pas à cette dernière comme animal moins productif ? Certes non, mais le Mont-d'Or a suivi le mouvement général et a appliqué à la seule espèce bovine les méthodes savantes d'amélioration, sans songer un instant que l'espèce caprine aurait pu également en faire son profit. Le résultat de cette pratique est que le fromage de chèvre du Mont-d'Or est fait aujourd'hui avec du lait de vache, qu'il a perdu la saveur, la finesse et les autres qualités qui le faisaient tant estimer par nos pères, et qu'il ne subsiste plus aujourd'hui que sur une réputation coutumière, factice et usurpée. Les vieux fruitiers du pays, remonteraient volontiers le courant; mais ils ne savent plus où trouver leurs bonnes chèvres d'autrefois, bien qu'ils aient conservé la recette du bon fromage.

L'intérêt qui s'attache tout particulièrement à l'élevage et à la propagation de la chèvre alpine résulte, en dehors de l'abondance de son lait, de ce fait qu'elle est remarquablement douée pour l'allaitement des jeunes enfants. Son lait, léger et modifiable selon la nature de l'alimentation de la bête laitière, est absolument approprié à l'usage des nourrissons qu'une circonstance quelconque aurait privés du sein maternel.

Il peut, en outre être converti en kéfir authentique et répondre sous cette forme aux exigences des organismes les plus débiles et les plus délicats.

Pour les lecteurs auxquels ce mot kéfir serait encore inconnu, nous croyons devoir leur apprendre que ce produit est du lait qu'une fermentation spéciale a porté à son maximum de digestibilité; il est d'un usage courant en médecine dans certaines formes et d'affections gastro-intestinales de l'adulte et de l'enfant.

La semence de ce produit lacté, appelée dans son pays de provenance « grains ou millet du Prophète », nous vient du versant nord du Caucase, où les paysans tartares, les Karatchwtzy, préparent depuis longtemps, avec le lait de leurs chèvres, une boisson fermentée sous l'action d'une levure spéciale qu'ils appellent *Keifir* (de Keïf, délice).

Il n'est pas sans importance d'ajouter que sous l'influence du kéfir, le lait de chèvre, grâce à la divisibilité et la digestibilité de sa caséine, reste parfaitement homogène, fluide et léger, conditions que l'on n'obtient jamais avec le lait de vache, à moins de recourir à des procédés de laboratoire qui amoindrissent la valeur nutritive du lait. Le kéfir rend le lait de chèvre gazeux, acidulé et légèrement parfumé. La façon dont le kéfir se comporte dans le lait de chèvre montre qu'il trouve dans ce lait son véritable élément.

LA CHÈVRE DE SYRIE ET DE NUBIE

La chèvre de Syrie que Brehm nous présente sous la dénomination de chèvre Mambrine, constitue une souche de race aussi remarquable que précieuse.

Il y a en Palestine et en Syrie environ 1.500.000 chèvres de cette race. On la trouve dans toute la région chaude d'Asie et jusque dans l'archipel de la mer de l'Inde. Les troupeaux qu'elle forme comprennent de 500 à 2.000 têtes. La couleur des chèvres de Syrie est variée; on en voit des grises, des jaunes, des brunes et enfin des noires. Les sujets de cette race que nous possédons dans notre collection sont d'un noir brillant, mais la tête de deux d'entre eux accuse de chaque côté de la face de larges taches roux foncé. Ils appartiennent à la variété dite *Samar* et à la sous-variété non cornue appelée *Gar-a*. L'œil est d'un beau bleu ciel. Le poil est long surtout sur la partie postérieure du corps, mais vers le cou et la tête il y a tendance, chez certains sujets, au pelage à poils ras. Il existe, dans les environs de Damas, une variété complètement blanche, fort jolie, appelée *Méress*, mais elle serait, paraît-il, moins bonne laitière que la *Samar*. Cette race caprine qui est admirablement fixée, est remarquable par l'extrême longueur de ses oreilles qui atteignent jusqu'à 40 centimètres et mesurent de 10 à 15 centimètres de large. Le bout est fortement plissé et se recourbe en dehors. Cette disposition se retrouve à l'extrémité de l'oreille infiniment plus courte de la chèvre de Malte, ce qui fait penser que celle-ci a eu dans ses auteurs des contacts avec la race Mambrine. On trouve, d'ailleurs, aux environs de Caïffa beaucoup de chèvres à oreilles très courtes, lesquelles chèvres sont notoirement importées de Malte et d'Espagne.

Le chanfrein de la chèvre de Syrie est droit, cependant le bouc l'a légèrement busqué. La lèvre supérieure est souvent proéminente. Les cornes, quand elles existent, s'inclinent fortement en arrière de la tête ou se contournent en spirale à la façon des béliers ou de la chèvre d'Angora. La chèvre mesure au garrot de 75 à 80 centimètres, le bouc atteint jusqu'à 95 centimètres avec une longueur de corps de 1m,25. Le poil, qui a une longueur de 20 à 25 centimètres, sert à la confection d'étoffes et de tapis, et le déchet de ce poil à la fabrication des toiles de tente et des cordes.

La fécondité de la Mambrine correspond à peu près à celle

de la chèvre du Midi de l'Europe. 4 % des chèvres *Samar* font deux portées par an. Les époques de parturition sont de novembre à janvier et de mars à juin. Celles qui mettent bas en novembre font leur deuxième portée en mai. Leur pis est volumineux et de forme plutôt globuleuse. Le trayon est de grosseur variable comme chez nos races d'Europe. La chèvre *Samar* est bonne laitière : elle donne à l'Arabe qui la nourrit fort mal de deux à quatre litres de lait par jour. Elle est réputée pour son extrême rusticité, et la preuve qu'elle offre de grands avantages économiques, c'est qu'on l'élève et la conserve, même en Égypte, concurremment avec la Nubienne qui jouit cependant d'une réputation de laitière extraordinaire.

La chèvre de Syrie ne reçoit comme nourriture que ce qu'elle peut trouver elle-même sur les maigres pâturages de Palestine constamment brûlés par les ardeurs excessives du soleil. Aussi lui arrive-t-il de souffrir souvent cruellement de la soif et de la faim.

Malgré l'absence complète de soins et l'insuffisance de nourriture et de breuvage, la chèvre Samar donne beaucoup de lait. Elle est sobre, endurante et se contente de tout.

On sèvre les biquets à trois mois. Lorsque le chevreau atteint l'âge d'un mois, on lui supprime le quart du lait de sa mère; lorsqu'il a deux mois on lui en retranche la moitié; enfin, quand il arrive à son troisième mois on ne lui laisse plus que le quart de la traite pour le priver ensuite progressivement de la totalité. Cette méthode d'ablactation doit être excellente; on évite ainsi les arrêts de croissance et les accidents qui peuvent influer sur la vie entière de l'animal. La chèvre Samar conserve son lait pendant huit à neuf mois; entre temps, elle prépare une nouvelle mise bas, car il n'est pas d'usage, en Orient, de continuer la traite des chèvres sans s'assurer une nouvelle gestation.

Le lait de la chèvre de Syrie, loin d'avoir le moindre goût, ou odeur caprine, est absolument délicieux; le beurre y est plus ou moins abondant suivant la nature de la nourriture de l'animal. On lui donne surtout des glands et des caroubes qu'il mange avidement. Les Arabes questionnés sur le lait de vache s'accordent unanimement à déclarer que ce lait n'est pas bon : il est épais et fort, disent-ils, tandis que le lait de chèvre leur paraît doux, léger et agréable au palais. Nous ne pensons pas que les Orientaux auraient cette opinion si on leur faisait déguster le lait particulièrement odorant de nos chèvres communes du Poitou et de l'Ardèche. Le beurre et le fromage que l'on obtient de la Samar sont réputés exquis.

Du reste, le beurre d'Alep, dont la réputation est universelle et dont l'exportation en Asie-Mineure et particulièrement en Anatolie se fait sur une échelle considérable, provient du lait de la chèvre de Syrie.

*
* *

La chèvre de Nubie, bien que jouissant d'une grande réputation, est un animal peu connu en Europe. Cependant, Brehm, Huart du Plessis et Bénion la décrivent avec grande fidélité. Ce furent des chèvres de Nubie que le Négus envoya

L. Barillot pinxit. Leon Mège, Paris.

Chèvre et bouc race de Nubie, variété Zaraïbe | *Bouc de la race de Syrie, variété Samar Oar'a*

Appartenant à M. J. Crepin, à Brunoy (Seine-et-Oise).

en France, au milieu du siècle dernier, pour allaiter un jeune hippopotame dont le souverain Éthiopien avait fait cadeau à Napoléon III. Ces chèvres étaient remarquables par leur forme et donnaient du lait en quantité prodigieuse.

M. le Dr Sacc, qui a étudié et élevé cette race à Wesserling (Alsace), avance qu'une laitière donne de dix à douze litres de lait par jour, rarement moins de quatre litres. La fécondité de cet animal est telle qu'il dit avoir vu une chèvre mettre bas onze petits en un an : deux fois quatre et une fois trois; une seule des portées était à terme. Cette fécondité n'a d'ailleurs rien qui nous surprenne; nous avons observé personnellement très fréquemment, chez des chèvres d'origine africaine, des portés de trois petits et quelquefois de quatre. En 1905 nous avons vu à Bagnolet, près Paris, une métisse de provenance orientale mettre bas cinq cabris bien portants et les allaiter tous suffisamment. Nous possédons une de ces jeunes bêtes.

La chèvre de Nubie, de la Haute-Égypte ou de la Thébaïde, a le poil ras et soyeux, les oreilles longues et tombantes, le cou et le corps allongés, les jambes fines et longues. Son pis est généralement globuleux et il est si long et si pesant que les indigènes le renferment et le suspendent dans un sac en cuir pour l'empêcher de traîner par terre. La tête est courte. Le chanfrein, très bombé à la partie supérieure, s'abaisse brusquement vers le nez qui est camard. La lèvre inférieure dépasse la supérieure et laisse apercevoir les dents. Les yeux sont grands, fendus en amande sur des pommettes saillantes. La physionomie est étrange mais débonnaire.

La nuance de sa robe est variée, cependant les couleurs qui dominent sont le roux acajou, le brun noisette, le blanc, le crème, le noir et le gris. Il est remarquable de trouver le plus souvent trois et quatre couleurs sur le même sujet. Celles-ci sont disposées d'une façon si dissymétrique et si particulière qu'à distance l'animal ressemble souvent par sa robe à une vache plutôt qu'à un caprin. Du reste, toutes les chèvres d'Afrique, hormis l'Arabe qui se rattache au groupe des chèvres communes de partout, n'ont plus dans leur pelage cette fusion de couleurs en stries et ce lavage que l'on remarque particulièrement sur l'Alpine : le tachetage de la Nubienne est franc et de teintes nettement arrêtées.

Nous insistons sur les caractères de ce type de race, parce que nombreuses sont les personnes qui parlent de la chèvre de Nubie sans avoir la moindre idée de sa physionomie. Quiconque détient une chèvre d'Orient ou d'Afrique se targue volontiers de posséder le précieux caprin du Thibet ou de la Nubie. Cependant, à cet égard on est généralement loin de compte, car il y a dans les régions que nous venons de nommer autant de races caprines de nature inférieure que partout ailleurs; ce qui facilite la confusion et favorise l'abus de confiance.

La chèvre d'Assorta qui habite l'Éthiopie et les colonies anglaises et allemandes de l'Afrique orientale, ainsi que la chèvre Walie qui vit à l'état sauvage sur les cimes neigeuses de l'Abyssinie, sont aussi éloignées, comme productrices de lait, de la chèvre Zaraïbe de Nubie, que peut l'être de notre puissante laitière bovine de Normandie la femelle d'un buffle ou d'un auroch.

Une chèvre que l'on prend souvent pour une Nubienne bien qu'elle en diffère complètement comme forme et comme robe, c'est la chèvre Aoussa de Sokoto dont on peut admirer quelques jolis types à la ménagerie du Jardin des Plantes. Le Directeur de cette ménagerie, a bien voulu nous confier deux de ces sujets pour nous permettre de les observer et les étudier à notre aise pendant plusieurs mois à notre chèvrerie de Brunoy.

La chèvre d'Aoussa est une bête de luxe, un ornement de parc au même titre que la gazelle. Son pelage fin et doux donne au toucher l'impression du velours, et son aspect truité à fond blanc moucheté très fin de noir ou de roux est d'un effet charmant qui mérite au plus haut point l'attention du fourreur. Laitière médiocre comme quantité, elle se recommande cependant pour la richesse en beurre de son lait délicieux, assez semblable à cet égard à celui de la chèvre de Nubie. La bête est douce et attachée à l'homme comme nos chevrettes indigènes, mais elle est très agressive envers ses congénères. Quant au bouc, il est d'une ardeur indomptable et pousse des cris d'amour tellement persistants et énergiques que son voisinage devient intolérable. Il ne dégage toutefois pas la moindre odeur hircine, pas plus d'ailleurs que les boucs de race nubienne.

Le troupeau de chèvres de Nubie que nous possédons nous vient des confins de l'Érythrée; il a été obtenu au prix de difficultés inouïes. Indépendamment de celles résultant d'un voyage de plusieurs jours à dos de chameau, il a fallu recourir à des ruses d'Apaches pour échapper à la surveillance des autorités locales indigènes, qui interdisent sévèrement l'exportation de la variété caprine que nous recherchions. Cette variété s'appelle la *Zaraïbe* et répond très exactement à la description faite par MM. Huart du Plessis et le docteur Sacc.

Nos chèvres sont de petite taille ; elles n'ont pas plus de 65 à 70 centimètres au garrot. Comme, d'une part, leur poids n'est guère que de 35 à 40 kilogr., que, d'autre part, elles ne reçoivent pas chez nous l'alimentation à laquelle elles sont adaptées par un atavisme séculaire, et qui convient remarquablement à leurs besoins : la caroube et la fève, nous pouvons nous montrer très satisfait des trois litres d'un lait incomparable que nous donne par jour chacune de nos jeunes Nubiennes. A l'âge de trois à quatre ans, quand elles auront tout leur développement, elles en donneront au moins le double.

Un fait est à signaler à propos de la chèvre de Nubie. C'est que, contrairement à ce qu'ont avancé les auteurs, cette chèvre est la plus rustique de toutes, la moins sensible aux températures extrêmes. Il nous est arrivé qu'à la suite d'un refroidissement subit de température, notre troupeau, composé d'animaux de toutes races et comportant près de cent têtes, a été fortement éprouvé par le rhume et les affections de poitrine : jamais aucun de nos neuf caprins de Nubie n'a toussé. Il en a été de même de nos chèvres Mambrines, dont deux ont cependant souffert d'affections intestinales. Nous avons d'ailleurs pu constater que les chèvres des pays chauds sont moins sujettes aux maladies que les autres : elles s'anémient moins facilement.

Nous nous garderions bien de nous inscrire en faux contre les déclarations du docteur Sacc sur la valeur laitière des chèvres de Nubie. Nous pensons comme eux que c'est bien là la plus puissante laitière du règne animal ; mais de ce que les mamelles de ces bêtes sont prodigieusement développées, nous n'en concluons pas qu'elles puissent verser le lait aux quantités qui sont indiquées au début de cette notice. Il faudrait admettre alors que les chèvres de M. Sacc eussent eu deux à trois fois le poids de nos animaux, et cependant M. Piot-Bey, vétérinaire en chef des Domaines égyptiens, nous a affirmé que la chèvre de Nubie, pure race, est plutôt de petite taille et correspondrait donc bien au type que nous possédons.

En physiologie on estime qu'à un poids vif de 70 kilogr. correspondent 5 litres de sang. En supposant cette même quantité de sang à la chèvre laitière, il faut reconnaître qu'il est déjà extraordinaire qu'elle en puisse tirer les éléments nécessaires pour la constitution d'une pareille quantité de lait. Cependant le fait est vérifié comme possible, puisque nous avons obtenu personnellement, d'une chèvre alpine douée d'un appétit extraordinaire, alimentée intensivement et soumise à une mulsion savante toutes les deux heures, la quantité prodigieuse de 8 litres de lait par jour pendant trois semaines. Nous voulons bien admettre que nous avions affaire à une laitière phénoménale ; d'ailleurs, nous n'avons pas tenté l'expérience sur d'autres Alpines pas plus que sur des Nubiennes, parce que l'appétit au degré nécessaire n'est jamais apparu depuis sur aucun des caprins que nous avions sous la main.

Notre intime conviction est que, tôt ou tard, le public agricole reviendra à une plus saine appréciation des choses en ce qui concerne l'utilisation de la chèvre ; et si jamais l'on se préoccupe de rechercher le type idéal de cette espèce animale, ceux qui donneront leur préférence aux animaux à long poil iront puiser au sang de la chèvre Mambrine, tandis que les amateurs de poil ras rechercheront leur modèle-type dans le cheptel caprin égyptien.

TABLE DES MATIÈRES

LES RACES OVINES.

Pages.

La race Mérinos ... 3
Bélier Mérinos de la Champagne. — Bélier Mérinos de l'Ile de France. — Bélier et brebis Mérinos de la Bergerie Nationale de Rambouillet.

La race Dishley-Mérinos ... 8
Bélier Mérinos. — Bélier Dishley-Mérinos. — Bélier et brebis Dishley-Mérinos.

La race de la Charmoise ... 12
Bélier et brebis de la Charmoise. — Moutons de la Charmoise.

Les races Berrichonnes ... 16
Bélier et brebis de race Berrichonne. — Brebis Berrichonnes, variété du Crevant. — Moutons Berrichons de l'Indre.

La race Lauraguaise ... 22
Bélier et brebis de race Lauraguaise.

La race des Causses du Lot ... 24
Bélier et brebis des Causses du Lot.

La race de l'Aveyron ... 26
Bélier et brebis de la race de l'Aveyron.

La race de Larzac ... 28
Bélier et brebis de la race du Larzac.

Les Moutons Bizets ... 30
Bélier et brebis Bizets.

Pages.

La race Limousine ... 32
Bélier et brebis de race Limousine.

La race Cauchoise ... 34
Bélier et brebis de race Cauchoise.

Le Mouton Algérien (variété Barbarine) ... 36
Bélier et brebis de race Algérienne.

La race de Dishley ... 38
Bélier et brebis Dishley. — Bélier et brebis Dishley (les bêtes tondues).

La race Southdown ... 42
Bélier et brebis Southdown. — Bélier et brebis Southdown (les bêtes tondues).

La race Shropshire ... 46
Bélier et brebis Shropshire.

La Race de Suffolk ... 48
Bélier et brebis Suffolk.

LES RACES PORCINES

Porc Normand.

La race Craonnaise ... 56
Verrat Craonnais. — Truie Craonnaise.

Pages.
La race Normande ... 60
Verrat Normand. — Truie Normande.
La race Limousine ... 64
Verrat Limousin. — Truie Limousine.
La race Yorkshire ... 70
Verrat Yorkshire.
Petite race noire d'Angleterre ... 72
Truie de petite race noire.
Croisement des races étrangères avec les races françaises ... 74
Truie Yorkshire Craonnaise.

LES RACES CAPRINES

Pages.
Chèvre de Malte et Chèvre Valaisanne ... 73
Chèvre de Malte. — Bouc et chèvre de la race des Alpes, variété suisse Schwartzhals.
La Chèvre d'Espagne ... 82
Bouc et chèvre de Murcie. — Chèvres de la Mancha.
La Chèvre des Alpes ... 86
Chèvre des races alpines françaises. — Chèvre de la race des Alpes, variété suisse Saanen.
La Chèvre de Syrie et de Nubie ... 91
Chèvre et bouc de Nubie. — Bouc de la race de Syrie.

Typographie Firmin-Didot et Cie. — Mesnil (Eure).

www.ingramcontent.com/pod-product-compliance
Ingram Content Group UK Ltd.
Pitfield, Milton Keynes, MK11 3LW, UK
UKHW020247250726
13967UKWH00004B/1558

9 782011 930248